Nirubalini Dinesh

RÉSISTANCE AUX ANTIBIOTIQUES

Nirubalini Dinesh

RÉSISTANCE AUX ANTIBIOTIQUES

Un examen

ScienciaScripts

Imprint
Any brand names and product names mentioned in this book are subject to trademark, brand or patent protection and are trademarks or registered trademarks of their respective holders. The use of brand names, product names, common names, trade names, product descriptions etc. even without a particular marking in this work is in no way to be construed to mean that such names may be regarded as unrestricted in respect of trademark and brand protection legislation and could thus be used by anyone.

Cover image: www.ingimage.com

This book is a translation from the original published under ISBN 978-620-5-51422-1.

Publisher:
Sciencia Scripts
is a trademark of
Dodo Books Indian Ocean Ltd. and OmniScriptum S.R.L Publishing group
Str. Armeneasca 28/1, office 1, Chisinau MD-2012, Republic of Moldova, Europe
Printed at: see last page
ISBN: 978-620-5-38339-1

Résistance aux antibiotiques à médiation enzymatique

Un examen

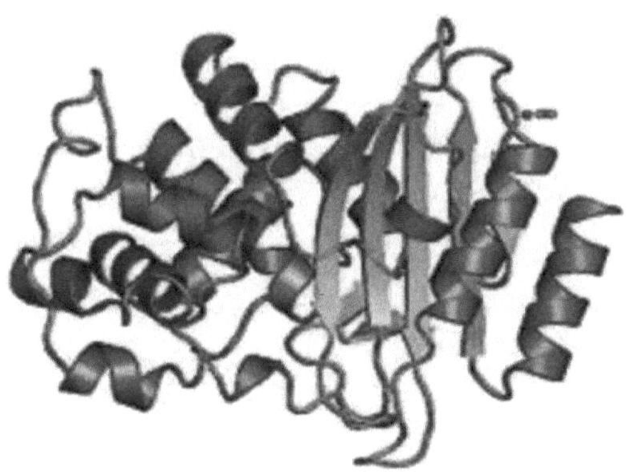

Nirubalini Dinesh

ACCUSÉ DE RÉCEPTION

Je tiens à exprimer ma profonde gratitude au Dr Thushari Dissanayake, maître de conférences, Département de microbiologie, Faculté des sciences médicales, Université de Sri Jayewardenepura, pour m'avoir guidé, encouragé, conseillé et donné du temps tout au long de cette période afin de faire de cette étude un succès.

Je remercie également le professeur Neluka Fernando, chef du département de microbiologie de la faculté des sciences médicales de l'université de Sri Jayewardenepura, qui nous a donné l'occasion d'améliorer nos études.

Je remercie tout particulièrement le Dr Chinthika Gunasekara, maître de conférences au département de microbiologie de la faculté des sciences médicales de l'université de Sri Jayewardenepura, pour son soutien et ses conseils tout au long de cette étude.

Je tiens à remercier tous les autres membres du personnel académique et non académique du Département de microbiologie, Faculté des sciences médicales, Université de Sri Jayewardenepura, pour leur aide précieuse à certaines étapes de la période de cette étude afin d'en assurer le succès.

Enfin, je tiens à remercier mes parents et mes amis pour leurs encouragements constants et leur soutien pour mener à bien cette étude.

TABLE DES MATIÈRES

1. INTRODUCTION

La résistance aux antibiotiques des agents responsables des maladies infectieuses est un problème de santé mondial en biologie et en médecine [1, 2]. Les mécanismes de résistance aux antimicrobiens utilisés pour traiter les maladies infectieuses sont connus depuis avant l'introduction des antibiotiques dans l'usage clinique de routine [fig 1] [3]. L'utilisation inconsidérée et souvent excessive des antimicrobiens a cependant aggravé le problème en enrichissant les populations bactériennes résistantes au détriment des populations sensibles [4]. De nouvelles formes de résistance aux antibiotiques peuvent même facilement traverser avec une rapidité remarquable les frontières internationales et se propager entre les continents. Les responsables de la santé mondiale ont décrit les micro-organismes résistants aux antibiotiques comme des "bactéries de cauchemar" qui "représentent une menace catastrophique" pour les populations de tous les pays du monde [1].

Certaines études sur la résistance bactérienne ont montré qu'il existe une grande diversité de mécanismes de résistance, dont la distribution et l'interaction sont pour la plupart complexes et inconnues. Cependant, il existe une variété de mécanismes biochimiques et physiologiques qui sont responsables du développement de la résistance aux antibiotiques. Le mécanisme de résistance peut être une évolution génétiquement inhérente ou le résultat de l'exposition du micro-organisme aux antibiotiques. La plupart des résistances aux antibiotiques sont apparues à la suite d'une mutation ou d'un transfert de matériel génétique entre micro-organismes. Plusieurs études récentes ont révélé que près de 400 bactéries différentes ont démontré environ 20 000 gènes de résistance possibles [5].

Les résistances qui évoluent au sein des bactéries qui affectent les animaux ont le potentiel d'affecter les humains. La zoonose des souches résistantes peut se produire, posant un risque pour la santé humaine [6]. Les infections résistantes aux antibiotiques sont trop fréquentes et de plus en plus fréquentes, ce qui nuit à l'efficacité du traitement des personnes et des animaux. La résistance aux antibiotiques a augmenté en raison de l'introduction d'antibiotiques dans un environnement. En médecine générale, on s'inquiète de certaines infections courantes qui deviennent difficiles à traiter et de la présence de bactéries résistantes aux antibiotiques qui peuvent mettre plus de temps à se résorber [7]. Pour préserver l'efficacité des antibiotiques, il est essentiel d'examiner les utilisations de ces médicaments, tant chez l'homme que chez l'animal. Plusieurs nouvelles initiatives sont mises en place pour mettre fin à la tendance alarmante de la résistance aux antibiotiques et pour faire face au nombre sans cesse croissant d'infections causées par des bactéries résistantes [8].

Figure 1 Chronologie de la résistance aux antibiotiques par rapport au développement des antibiotiques

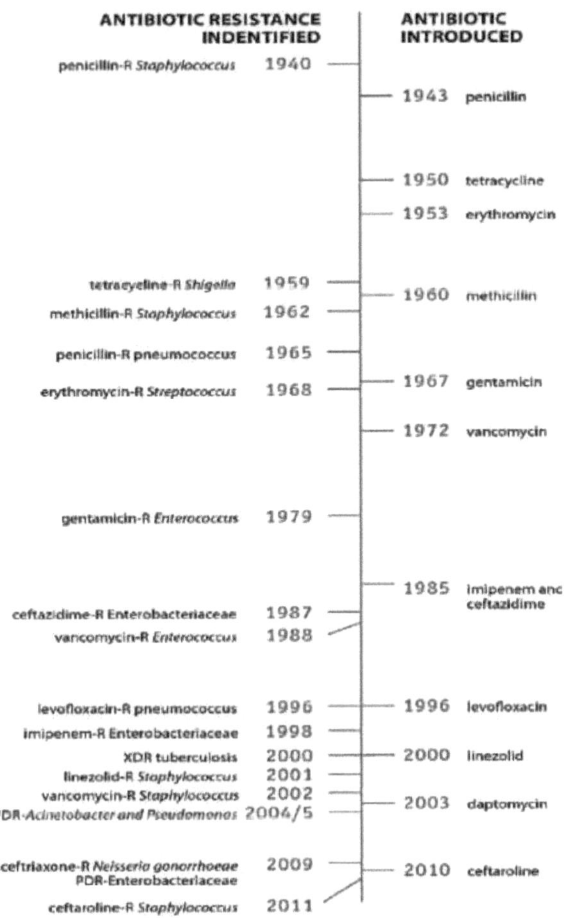

Les bactéries résistantes aux antibiotiques, ou "superbactéries", représentent une menace de plus en plus mortelle pour la santé humaine [9]. En 2018, l'Organisation mondiale de la santé (OMS) a publié pour la première fois des données sur la résistance aux antibiotiques.

Les données de surveillance de la résistance aux antibiotiques révèlent des niveaux élevés de résistance à un certain nombre d'infections bactériennes graves, tant dans les pays à revenu élevé que dans les pays à faible revenu. Le nouveau système mondial de surveillance des antimicrobiens (GLASS) de l'OMS révèle la présence généralisée d'une résistance aux antibiotiques chez 500 000 personnes présentant des infections bactériennes suspectes dans 22 pays [1].

Les bactéries résistantes les plus fréquemment signalées étaient *Escherichia coli*, *Klebsiella pneumoniae*, *Staphylococcus aureus* et *Streptococcus pneumoniae*, suivies de *Salmonella* spp. Le système ne comprend pas de données sur la résistance de *Mycobacterium tuberculosis*, qui cause la tuberculose (TB), car l'OMS suit cette résistance depuis 1994 et fournit des mises à jour annuelles dans le Rapport mondial sur la tuberculose [1].

L'OMS a également indiqué que parmi les patients chez qui l'on soupçonnait une infection du sang, la proportion de bactéries résistantes à au moins un des antibiotiques les plus couramment utilisés variait énormément d'un pays à l'autre, allant de zéro à 82 %. La résistance à la pénicilline, médicament utilisé depuis des décennies dans le monde entier pour traiter la pneumonie, variait de zéro à 51 % selon les pays. Et entre 8% et 65% des E. *coli* associés à des infections urinaires présentaient une résistance à la ciprofloxacine, un antibiotique couramment utilisé pour traiter cette affection [1]. Ces statistiques du rapport de l'OMS constituent une première étape essentielle pour améliorer notre compréhension de l'étendue de la résistance aux antimicrobiens.

De nouveaux mécanismes de résistance apparaissent également et se répandent dans le monde entier, menaçant notre capacité à traiter les maladies infectieuses courantes. L'émergence de la résistance aux antibiotiques entraîne une augmentation de la mortalité, de la morbidité et des coûts de traitement. Bien qu'il y ait eu plusieurs indications sur le mauvais usage des antibiotiques par les prestataires de soins de santé, les praticiens non qualifiés et les consommateurs de médicaments, la sensibilisation et la surveillance du contrôle et de la prévention de la résistance aux antibiotiques dans les secteurs des soins de santé sont encore insuffisantes. Si aucune mesure urgente n'est prise, nous nous dirigeons vers une ère post-antibiotique, dans laquelle les infections courantes et les blessures mineures peuvent à nouveau tuer. Par conséquent, les objectifs de cette revue sont les suivants :

- Examiner la résistance aux antibiotiques à médiation enzymatique et ses mécanismes de développement, qui est le mécanisme de résistance le mieux caractérisé.
- De plus, il recommande des mesures de contrôle.

2. RÉSISTANCE AUX ANTIBIOTIQUES À MÉDIATION ENZYMATIQUE

1.1 ANTIBIOTIQUES

2.1.1 DÉFINITION

Un antibiotique est un type de substance antimicrobienne active contre les bactéries et constitue le type d'agent antibactérien le plus important pour combattre les infections bactériennes [10].

Ils peuvent soit tuer les bactéries (bactéricide), soit inhiber la croissance des bactéries (bactériostatique). Le processus bactéricide est donc irréversible, tandis que la bactériostase est réversible. Cependant, les agents bactériostatiques sont efficaces dans le traitement de certaines infections car ils empêchent la population bactérienne d'augmenter et le mécanisme de défense de l'hôte peut ainsi faire face à cette population statique [10].

Les antibiotiques sont des produits microbiens naturels. Cependant, certains antibiotiques peuvent être fabriqués synthétiquement, tandis que d'autres sont le résultat de manipulations chimiques de composés naturels, les antibiotiques semi-synthétiques [11].

2.1.2 MÉCANISME D'ACTION DES ANTIBIOTIQUES

Afin d'apprécier les mécanismes de résistance, il est important de comprendre comment les agents antimicrobiens agissent.

Une façon précise de classer les antibactériens est de se baser sur leur site d'action [fig 2]. Bien que la classification ne permette pas de prédire avec précision quels antibactériens seront actifs contre quelles espèces bactériennes, elle aide à comprendre la base moléculaire de l'action antibactérienne et, inversement, à élucider de nombreux processus de synthèse dans les cellules bactériennes. Les cinq principaux sites cibles de l'action antibactérienne sont : la synthèse de la paroi cellulaire, la synthèse des protéines, la synthèse des acides nucléiques, les voies métaboliques et la fonction de la membrane cellulaire [10].

Ainsi, les agents antimicrobiens agissent sélectivement sur les fonctions microbiennes vitales avec des effets minimes ou sans affecter les fonctions de l'hôte, ce que l'on appelle la toxicité sélective des antibiotiques. Différentes classes d'antibiotiques possèdent des modes d'action spécifiques par lesquels ils inhibent la croissance ou tuent les bactéries [12].

Figure 2 Mécanisme d'action des antibiotiques.(Source https://www.ncbi.nlm.nih.gov)

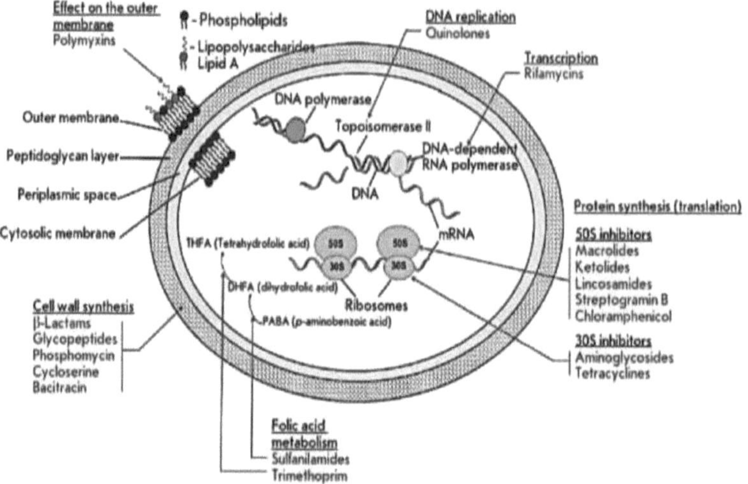

2.2 MÉCANISMES DE RÉSISTANCE AUX ANTIBIOTIQUES

La résistance aux antibiotiques est la capacité d'une bactérie ou d'autres micro-organismes à survivre et à se reproduire en présence de doses d'antibiotiques qui étaient auparavant considérées comme efficaces contre eux [1]. Normalement, la plupart des cellules d'une population bactérienne naïve et sensible pouvant causer une infection sont sensibles à un antibiotique particulier dès leur exposition. Cependant, il existe toujours une infime sous-population de cellules bactériennes résistantes qui seront capables de se multiplier à des concentrations plus élevées dans des concentrations d'antibiotiques insuffisantes qui tuent la sous-population de sorte que les micro-organismes survivent dans l'environnement [13]. La résistance est souvent associée à une réduction de l'aptitude bactérienne, et il a été proposé qu'une réduction de l'utilisation des antibiotiques exerce une pression sélective pour l'acquisition de la résistance, ce qui profiterait aux bactéries sensibles les plus aptes, leur permettant de supplanter les souches résistantes au fil du temps [14].

La résistance aux antibiotiques peut se produire par des mécanismes génétiques et biochimiques [Tableau 1]. La résistance bactérienne aux antibiotiques peut être intrinsèque ou innée, ce qui est caractéristique d'une bactérie particulière et dépend de la biologie d'un micro-organisme. (E.

coli a une résistance innée à la vancomycine), et la résistance acquise [15]. La résistance acquise provient (i) de l'acquisition de gènes exogènes par des plasmides (conjugaison ou transformation), des transposons (conjugaison), des intégrons et des bactériophages (transduction), (ii) de la mutation de gènes cellulaires, et (iii) d'une combinaison de ces mécanismes [10] (fig 3).

Les principaux types de mécanismes biochimiques que les bactéries utilisent pour se défendre sont les suivants : diminution de l'absorption, modification et dégradation enzymatique, modification des protéines de liaison à la pénicilline (PBP), pompes d'efflux, modification des sites cibles et surproduction [15] (fig. 4).

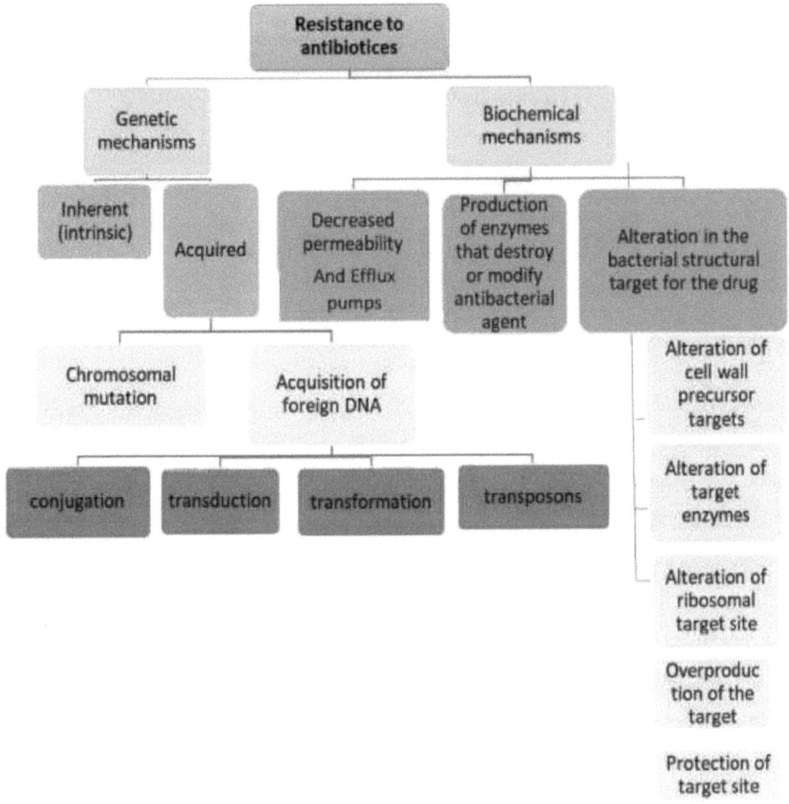

Tableau 1 Mécanisme de la résistance aux antibiotiques

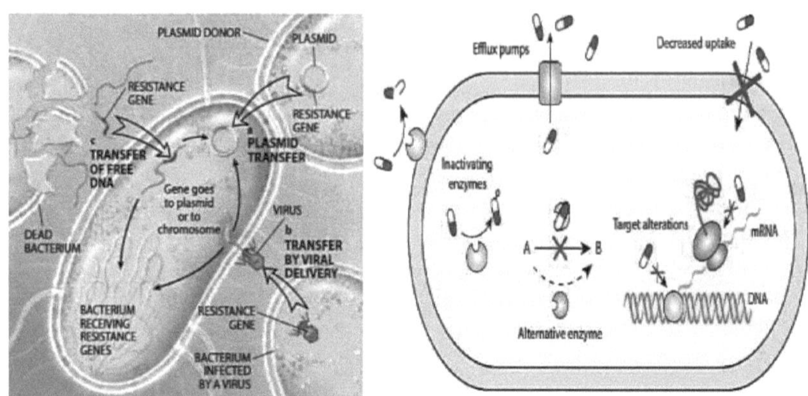

Figure 3 Mécanismes du gène de résistance **Figure 4** Mécanisme de résistance du transfert de
bactéries dans une bactérie   (source : https://www.reactgroup.org/tool)

box/understand/antibiotic -resistance)

2.3 RÉSISTANCE AUX ANTIBIOTIQUES À MÉDIATION ENZYMATIQUE

Les enzymes bactériennes jouent un rôle clé dans l'émergence de la résistance. La classification de ces enzymes est basée sur leur participation à différents mécanismes biochimiques : modification des enzymes qui servent de cibles aux antibiotiques, modification enzymatique des cibles intracellulaires, transformation enzymatique des antibiotiques, et mise en œuvre des réactions du métabolisme cellulaire [16].

Les principaux mécanismes de développement de la résistance sont associés à l'évolution de super familles d'enzymes bactériennes en raison de la variabilité des gènes qui les codent. La collection de tous les gènes de résistance aux antibiotiques est connue sous le nom de résistome. Des dizaines de milliers d'enzymes et leurs mutants qui mettent en œuvre divers mécanismes de résistance forment une nouvelle communauté que l'on appelle "l'enzystome" [18].

La question de l'origine des enzymes bactériennes responsables du développement de la résistance au cours de l'évolution reste controversée. Les gènes codant pour ces enzymes sont localisés sur des chromosomes et des éléments mobiles (transposons, plasmides, etc.) qui favorisent leur dissémination rapide. Les enzymes codées par les gènes chromosomiques protègent les bactéries.

les micro-organismes produisant des antibiotiques contre la modification de leurs cibles potentielles. La résistance survient lorsque les gènes codant pour ces enzymes sont transférés à d'autres bactéries [9] [16].

Le rôle des enzymes bactériennes dans le développement de la résistance est assez polyvalent et implique plusieurs mécanismes clés. Un grand groupe d'enzymes hydrolysent la structure des antibiotiques et les inactivent, comme les bêta-lactamases, les bêta-lactamases à spectre étendu et les carbapénamases. Certaines enzymes modifient ou détruisent la structure des antibiotiques et les inactivent, par exemple les enzymes modifiant les aminoglycosides, les chloramphénicol acétyltransférases, etc. Les enzymes catalysant les processus métaboliques et modifiant les antibiotiques sous forme de promédicaments sont également impliqués dans le développement de la résistance [16] [17].

Les enzymes impliquées dans la biosynthèse de la paroi cellulaire, ainsi que dans la synthèse des acides nucléiques et des métabolites, servent de cible directe aux antibiotiques. Le mécanisme de résistance est associé à des modifications structurelles de ces enzymes. Un autre mécanisme est associé à la modification enzymatique des éléments structurels affectés par les antibiotiques : par exemple, la modification des ribosomes par les méthyltransférases [16].

L'analyse de la structure et des caractéristiques fonctionnelles des enzymes, qui sont les cibles de différentes classes d'antibiotiques, nous permettra de développer de nouvelles stratégies pour vaincre la résistance. Cette revue présente des informations sur les caractéristiques fonctionnelles des enzymes bactériennes impliquées dans la mise en œuvre des mécanismes de résistance bactérienne aux antibiotiques.

3. BÊTA-LACTAMASES

3.1 APERÇU DES BÊTA-LACAMASES

L'inactivation enzymatique par la bêta-lactamase est la stratégie la plus courante adoptée par les bactéries contre les antibiotiques bêta-lactames. La première preuve de l'inactivation enzymatique de la pénicilline remonte à 1940, avant même que cet antibiotique ne soit utilisé en thérapeutique. Abraham et Chain ont pu mettre en évidence une enzyme dans E. *coli* qui hydrolysait la pénicilline et ils l'ont nommée "pénicillinase". La bêta-lactamase est un nom plus large donné aux enzymes bactériennes qui hydrolysent divers antibiotiques bêta-lactames. Les bêta-lactamases forment une superfamille d'enzymes qui compte actuellement plus de 2 000 membres. [3].

Les bêta-lactamases sont des enzymes qui catalysent l'hydrolyse de la liaison amide du cycle bêta-lactame, un élément structurel commun à tous les antibiotiques p-lactames (pénicillines, céphalosporines, carbapénèmes et monobactames), pour donner des produits microbiologiquement inactifs [19]. Certains antibiotiques bêta-lactames (par exemple les carbapénèmes) sont hydrolysés par très peu d'enzymes (stables aux bêta-lactamases), tandis que d'autres (par exemple l'ampicilline) sont beaucoup plus labiles [10].

Plus de 500 bêta-lactamases différentes ont été identifiées, et ce nombre augmente rapidement chaque année. Cette famille d'enzymes peut elle-même être qualifiée de superfamille car elle rejoint plusieurs grands groupes ou sous-familles différant par leurs propriétés enzymatiques. Les bêta-lactamases les plus couramment rencontrées sont la pénicillinase, les bêta-lactamases à large spectre et à spectre étendu, la carbapénémase, l'AmpC, etc.

Actuellement, une classification populaire "phylogénétique" ou "moléculaire" des bêta-lactamases a été proposée par Ambler en 1980, sur la base des séquences d'acides aminés des bêta-lactamases [Tableau 2]. Dans sa classification, il a divisé les bêta-lactamases en deux groupes. La classe A (sérine-bêta-lactamases), la classe B (métallo-bêta-lactamases) [20], la classe C constituée des bêta-lactamases AmpC a été ajoutée ultérieurement par Jaurin et Grundstrom en 1981 [21]. En 1988, Huovinen P *et al ont* étendu cette classification en incluant la classe D, qui comprend les oxacillinases (type OXA) [22].

	Class	β - lactamases	Examples
Serine β - lactamases	A	Broad spectrum β - lactamases ESBL TEM – type ESBL SHV – type ESBL CTX-M – type Carbapenemases	TEM-1, TEM-2, SHV-1 TEM-3 SHV-5 CTX-M1, CTX-M9 KPC
	C	AmpC cephamycinases (chromosomal encode)	AmpC
		AmpC cephamycinases (plasmid encode)	CMY, DHA
	D	Broad spectrum β - lactamases ESBL OXA – type Carbapenemases	OXA-1, OXA-9 OXA-2, OXA-10 OXA-48, OXA-23
Metallo β - lactamases	B	Metallo β - lactamases	VIM, IMP

Tableau 2 Classification des bêta-lactamases selon le schéma moléculaire de Amber.

La cristallographie aux rayons X et le séquençage des acides aminés ont été essentiels pour élucider la structure moléculaire des bêta-lactamases. En 1975, Ambler a séquencé l'intégralité du gène de la bêta-lactamase (*bla)* de la pénicillinase produite par la souche PCI de Staphylococcus aureus, et cette numérotation reste typique pour les autres bêta-lactamases [23].

En 1989, Bush K *et al ont* lancé une classification des bêta-lactamases dite "fonctionnelle" [Tableau 3]. Dans cette classification, les bêta-lactamases sont divisées en 3 groupes basés sur les profils de substrat et d'inhibition. En fonction des différences entre les enzymes de ces groupes, elles ont été divisées en plusieurs sous-groupes. Parmi les trois groupes, le groupe 2 est celui qui comporte le plus grand nombre de sous-groupes et la plupart des enzymes rencontrées dans les isolats cliniques de bacilles Gram négatifs appartiennent aux sous-groupes du groupe 2. Le sous-groupe 2b comprend les enzymes, les bêta-lactamases à large spectre et le sous-groupe 2be comprend les enzymes des bêta-lactamases à spectre étendu.

La classification d'Ambler permet de regrouper les enzymes en fonction de leur structure moléculaire, mais celle de Bush semble plus pratique car les sous-groupes correspondent bien à leurs propriétés fonctionnelles.

Les bêta-lactamases varient dans plusieurs propriétés mais la structure de base et l'homologie des acides aminés dans les régions conservées suggèrent qu'elles sont phylogénétiquement liées et qu'elles ont une origine évolutive commune. Les sérine-bêta-lactamases et les protéines de liaison à la pénicilline (PBP) ont un repliement tertiaire, une topologie du site actif et un mécanisme catalytique similaires (fig. 5). Par conséquent, il a été proposé que les sérine-bêta-lactamases pourraient avoir évolué à partir de certaines peptidases D-D ancestrales impliquées dans la synthèse et le maintien de la paroi cellulaire de peptidoglycane [24].

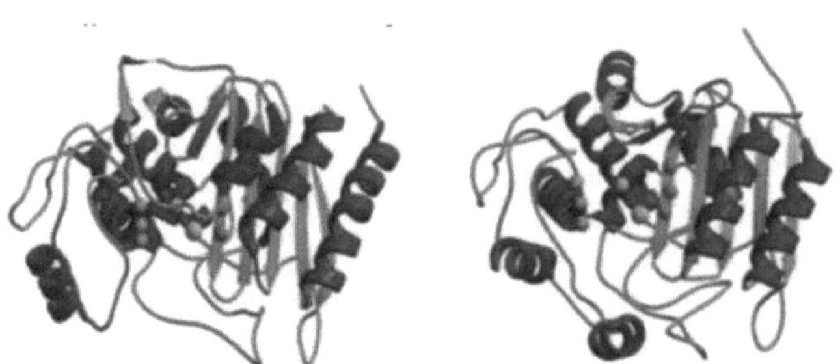

Figure 5 : Similitude structurelle entre la Bêta-lactamase et le PBP

Group		Type	Examples
1		Cephalosporinases	AmpCs, CMY-2
2		All clavulanic acid susceptible	
	2a	Penicillinases	PC-1 from *S.aureus*
	2b	Broad-spectrum penicillinases	TEM-1, SHV-1
	2be	ESBLs	SHV-2, TEM-10, CTX-Ms
	2br	Inhibitor resistant	TEM, IRT
	2c	Carbenicillin hydrolyzing	PSE-1
	2d	Oxacillin hydrolyzing	OXA-10, OXA-1
	2e	Cephalosporinase inhibited by clavulanate	FEC-1
	2f	Carbapenemases	KPC-1, SME-1
3		Metallo-beta-lactamases	IMP-1, VIM-1
4		Miscellaneous	

Tableau 3 Classification des beta-lactamases selon le système Bush-Jacoby-Medeiros

La structure tridimensionnelle des bêta-lactamases qui est révélée par la cristallographie aux rayons X est composée de deux domaines : le domaine a/p qui est formé de cinq feuillets p antiparallèles entourés de trois hélices a d'autre part et le domaine a, formé entièrement d'hélices a. L'activité catalytique du site actif est formée entre ces deux domaines [25]. L'activité catalytique du site actif est formée entre ces deux domaines [25] (fig 6).

L'évolution des bêta-lactamases se développe via deux mécanismes principaux : l'apparition de nouvelles mutations dans les gènes des enzymes connues et l'émergence d'enzymes dotées d'une nouvelle structure. Le taux de mutation élevé des bêta-lactamases et la localisation de leurs gènes sur des éléments génétiques mobiles contribuent à la propagation rapide de bactéries résistantes, ce qui constitue une menace mondiale. Les mutations ponctuelles dans les séquences nucléotidiques du gène *bla* conduisant à la substitution d'un seul acide aminé peuvent avoir un effet variable sur la propriété de l'enzyme bêta-lactamase. Alors que les mutations silencieuses ne confèrent aucun changement, d'autres mutations peuvent entraîner la transformation de l'enzyme avec une capacité hydrolytique accrue ou même l'acquisition d'une résistance aux inhibiteurs des bêta-lactamines [26].

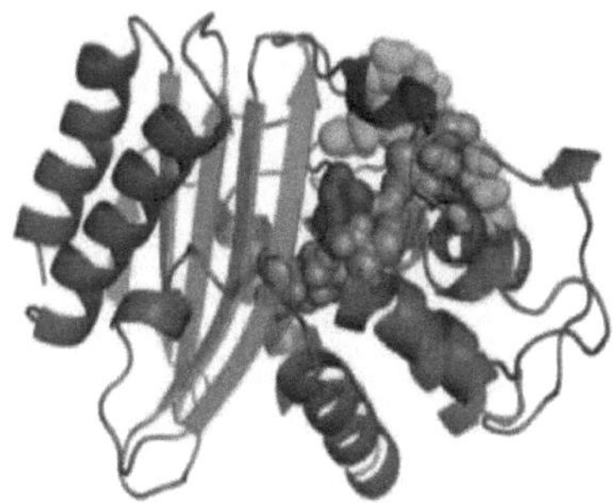

Figure 6 Structure tridimensionnelle de la serine betalactamase

3.2 ORGANISMES RÉSISTANT AUX BÊTA-LACTAMINES

Les "inactivateurs de pénicilline" ont été découverts dans les années 1940 et ont été décrits pour la première fois comme des enzymes spécifiques à une espèce. *Staphylococcus aureus* [27], *Bacillus anthracis*, *Bacillus cereus*, *Bacillus licheniformis* et *Bacillus subtilis* ont produit des ensembles différents mais apparentés de bêta-lactamases qui ont toutes détruit l'activité microbiologique de la pénicilline. Comme la pénicilline, avec son spectre microbiologique à Gram positif, était la seule bêtalactamine utilisée en clinique à l'époque, le rapport initial d'un inactivateur de pénicilline provenant du *Bacillus coli à* Gram négatif (par exemple, Escherichia coli) [3] a été considéré comme cliniquement sans importance.

[9]. En 1976, on a observé pour la première fois des *Neisseria gonorrhoeae* productrices de pénicillinase [10].

Après que les pénicillinases des staphylocoques et des bacilles aient été reconnues comme les bêtalactamases prototypiques dans les années 1950, l'introduction des céphalosporines et des pénicillines stables aux pénicillinases dans la clinique à la fin des années 1950 et dans les années 1960 a fourni la pression sélective nécessaire à l'émergence de pathogènes à Gram négatif, des organismes qui produisent une variété de bêtalactamases hydrolysant les céphalosporines [28]. Les céphalosporinases du groupe 1 (classe C) ont été observées comme des enzymes endogènes chez la

15

plupart des *Enterobacteriaceae* sp. et pouvaient apparaître soit comme des enzymes inductibles, soit comme des bêta-lactamases constitutives avec des concentrations périplasmiques élevées. Au début des années 1970, des b-lactamases codées par des plasmides ont été identifiées dans des organismes qui pouvaient transférer des déterminants de résistance aux bêta-lactamines à des agents pathogènes d'autres espèces d'*Enterobacteriaceae* [29].

Une bêta-lactamase AmpC combinée à la perte d'une protéine de la membrane externe, la porine, a été documentée et bien caractérisée pendant un certain nombre d'années chez *Enterobacter* spp [30], *Citrobacter* spp [31], et *Klebsiella. pneumoniae* [32], la propagation des bêta-lactamases AmpC codées par plasmide dans une variété d'*Enterobacteriaceae* spp. a entraîné l'apparition de ce mécanisme dans d'autres espèces. Certaines études ont également révélé la présence de nouveaux gènes AmpC qui semblent être les progéniteurs de certaines des enzymes codées par plasmide qui ont envahi E. *coli* et K. *pneumoniae*.

Le Japon a signalé la première carbapénémase provenant d'un isolat d'*Aeromonas hydrophila* dans les années 1980. S'ensuivirent à Londres (1982) une imipénémase provenant de *Serratia marcescens*, des imipénémases en Californie (1984) et en France (1990), toutes deux provenant d'*Enterobacter cloacae* [33]. L'analyse des séquences a également révélé que la bétalactamase CAV-1 codée par le chromosome d'Aeromonas caviae présentait une homologie de plus de 96 % avec la bétalactamase FOX-1 et les enzymes apparentées [34].

Les enzymes p-lactamases les plus fréquemment rencontrées sont les carbapénémases acquises du groupe Ambler classe A dont les carbapénémases de *Klebsiella pneumoniae* (KPC) prédominent dans le monde entier. La crainte de la propagation de la résistance aux carbapénèmes existe depuis l'identification de la KPC en 1996 aux États-Unis. Les caractéristiques cliniques des organismes porteurs de KPC varient en fonction des différences et des conditions locales [33].

Les bêta-lactamines sont capables de pénétrer dans la cellule par les pores de la membrane externe des Gram négatifs et de se lier aux protéines de liaison à la pénicilline (PBP) qui jouent un rôle clé dans les étapes finales de la synthèse du peptidoglycane en catalysant la réticulation des sous-unités de la paroi et en s'incorporant à la paroi cellulaire. Les bêta-lactamases des cellules Gram-négatives restent dans le périplasme. Par conséquent, dans l'espace périplasmique des Gram-négatifs, les bêta-lactamases peuvent inactiver les bêta-lactamines avant qu'elles n'atteignent leurs PBP cibles, protégeant ainsi la cellule de l'action antibiotique [10] [fig7].

Les bêta-lactamases des bactéries Gram-positives sont libérées dans l'environnement extracellulaire. Ainsi, chez les bactéries Gram-positives, les bêta-lactamines peuvent être détruites par voie extracellulaire et la résistance ne se manifestera que lorsqu'une grande population de cellules est présente [10] [fig7].

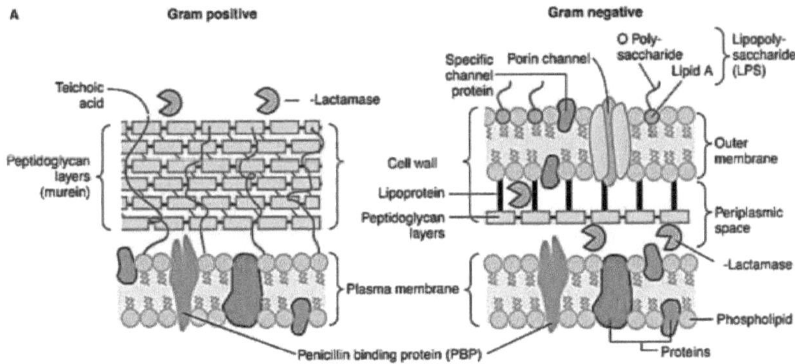

Figure 7 Bêta-lactamases dans les cellules bactériennes Gram positif et Gram négatif

3.3   MÉCANISME D'ACTION DE LA BÊTA-LACTAMASE

Les bêta-lactamases sont classées comme des bêta-lactamases à sérine lorsqu'elles possèdent un radical sérine ou comme des métallo-bêta-lactamases lorsqu'elles possèdent un ion zinc sur le site actif de l'enzyme. Quelques bêta-lactamases utilisent des ions de zinc pour rompre le cycle bêta-lactame, mais un nombre bien plus important opère par le mécanisme de l'ester de sérine. Les protéines liant la pénicilline (PBP) réagissent également avec les bêta-lactames pour donner des esters de sérine, mais, contrairement aux esters similaires formés par les bêta-lactamases, ceux-ci ne s'hydrolysent pas facilement. Généralement, l'inactivation d'un antibiotique de type bêta-lactame implique des étapes d'acylation et de désacylation. Dans l'étape d'acylation, le cycle bêta-lactame est ouvert pour former un complexe enzyme-acyle, qui est ensuite désacylé de la sérine après hydrolyse. Alors que l'étape d'acylation nécessite une sérine nucléophile, la désacylation nécessite une molécule d'eau hydrolytique [36] [fig 8].

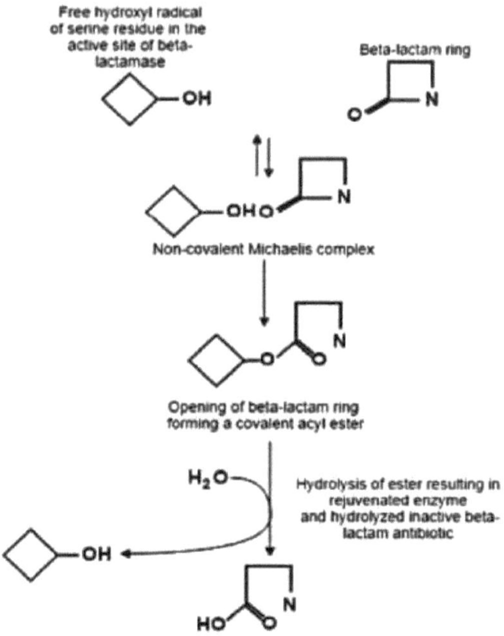

Figure 8 Mécanisme d'hydrolyse de la molécule de bêta-lactame par la bêta-lactamase

Après la liaison du substrat bêta-lactame dans le site actif de la bêta-lactamase, un complexe non covalent (Hendri-Michaelis) est formé. Cette étape est réversible. Le radical sérine dans le site actif monte une attaque nucléophile sur le carbonyle conduisant à un intermédiaire d'acylation tétraédrique de haute énergie. La protonation de l'azote du bêta-lactame et la rupture de la liaison C-N entraînent l'ouverture du cycle bêta-lactame et l'intermédiaire se transforme alors en un complexe acyle-enzyme covalent de plus faible énergie [35].

Une molécule d'eau activée attaque ensuite le complexe covalent, ce qui entraîne un intermédiaire de désacylation tétraédrique de haute énergie. La liaison entre le carbonyle du bêta-lactame et l'oxygène de la sérine est ensuite hydrolysée, ce qui régénère l'enzyme et libère la molécule de bêta-lactame inactive. Alors que la molécule de bêta-lactame est détruite, l'enzyme est réactivée et devient pleinement fonctionnelle [35].

Ce mécanisme est suivi par les bêta-lactamases des classes moléculaires A, C et D, mais les enzymes de la classe B utilisent un ion zinc pour attaquer le cycle bêta-lactame [35].

3.4 DÉTECTION EN LABORATOIRE DES PÉNICILLINASES

De nombreux tests de détection de la bêta-lactamase ont été mis au point, mais peu d'entre eux sont pratiques pour une utilisation de routine. Les tests de routine de la bêta-lactamase sont basés sur la détection visuelle des produits finaux de l'hydrolyse de la bêta-lactamase. Ces tests comprennent principalement la méthode chromogène des céphalosporines, la méthode acidimétrique et la méthode iodométrique.

3.4.1 MÉTHODE CHROMOGÈNE DES CÉPHALOSPORINES

Les méthodes chromogéniques sont plus rapides et plus pratiques, et elles se divisent en deux catégories : celles dans lesquelles l'hydrolyse du bêta-lactame lui-même produit un changement de couleur et celles dans lesquelles ce changement dépend d'une réaction liée. La nitrocéfine qui passe du jaune au rose/rouge lors de l'hydrolyse. Dans la méthode chromogène, la nitrocéfine est généralement jaune ; lorsque le cycle p-Lactam est hydrolysé, elle devient rouge. Lorsqu'on touche une colonie d'une souche productrice de p lactamase, une couleur rouge apparaît en quelques secondes. La nitrocéfine peut être utilisée sous forme de solution ou de disques sur lesquels sont étalées des cultures à tester. La nitrocéfine est très sensible à la plupart des bêtalactamases, bien que des résultats faussement négatifs soient un risque pour les isolats d'*Haemophilus influenzae* avec la ROB-1bêta-lactamase et pour les *Staphylococci* spp. chez qui les niveaux de pénicillinase non induite sont souvent insuffisants pour donner une réaction colorée. Ces problèmes sont mineurs, puisque l'enzyme ROB-1 est rare et que les tests de bêta-lactamase sont rarement effectués sur les *Staphylococci* spp [35].

La détermination de la production de p-lactamase de *Staphylococcus aureus* peut être déduite par l'examen des zones autour d'un disque contenant de la benzyl-pénicilline. La croissance juste à l'extérieur de la zone d'inhibition est caractéristiquement "en tas" et comprend des colonies complètes [35].

3.4.2 MÉTHODE ACIDIMÉTRIQUE - DÉTECTE LA RÉSISTANCE À LA PÉNICILLINE

Les tests acidimétriques reposent sur le fait que l'ouverture du cycle bêta-lactame génère un carboxyle libre et que cette acidité peut faire passer le bromocrésol du violet au jaune dans un système non tamponné. Dans le test acidimétrique, le papier filtre est imprégné de pénicilline et d'un indicateur de pH. La croissance bactérienne d'une culture gélosée d'une nuit est appliquée sur le papier filtre. Si la souche produit de la p-lactamase, elle hydrolysera la pénicilline en produisant de l'acide pénicilloïque qui abaissera le pH et modifiera la couleur de l'indicateur [35].

Cette méthode est utile pour les tests sur *Haemophilus influenzae* et *Neisseria gonorrhoeae* . [37]

3.4.3 MÉTHODE IODOMÉTRIQUE

Ce test est particulièrement sensible pour la pénicillinase staphylococcique, mais il est moins sensible que la nitrocéfine pour la plupart des bêta-lactamases des bactéries gram-négatives [37].

La méthode iodométrique repose sur le fait que les produits d'hydrolyse des bêta-lactamines réduisent l'iode en iodure. Par conséquent, la décoloration du complexe amidon-iode se produit si un isolat est un producteur de bêta-lactamase mais pas si l'enzyme est absente. Dans la méthode iodométrique, on réalise d'abord une suspension lourde à partir d'une culture d'une nuit dans une solution contenant de la pénicilline dans un milieu tamponné. Un contrôle négatif est effectué sans l'organisme. Un organisme connu pour produire une p-lactamase est testé en parallèle comme contrôle positif. Après une incubation d'une heure à 37°C, deux gouttes de la solution d'amidon soluble à 1% fraîchement préparée sont ajoutées au test et aux contrôles. Une goutte de réactif iodé est ensuite ajoutée. Si la couleur bleue disparaît dans les 10 minutes, on conclut à la présence d'une p-lactamase [35].

Les tests acidimétriques et iodométriques peuvent être réalisés avec des suspensions bactériennes ou sur des bandes de papier imprégnées des réactifs appropriés. Ces méthodes sont moins coûteuses que la nitrocéfine et, moyennant certaines précautions, presque aussi sensibles, mais elles sont plus sujettes à des résultats faussement positifs. Dans le cas des tests iodométriques, ces erreurs reflètent probablement une réaction non spécifique de l'iode avec les protéines bactériennes ; dans le cas des tests acidimétriques, les résultats faussement positifs surviennent si l'inoculum ou l'eau distillée utilisée pour humidifier la bandelette est légèrement acide [37].

3.5 DÉTECTION DE LA BETA LACTAMASE INDUCIBLE (AmpC)

Les espèces inductibles par AmpC peuvent être reconnues dans les tests d'antagonisme des disques de céfoxitine/céfotaxime. Lorsque l'inducteur p-Lactam est utilisé, ces enzymes sont produites à des niveaux élevés (p-Lactamases inductibles). Lorsque le p-lactame inducteur est retiré, ces enzymes sont produites à leur niveau basal. Un test de dépistage simple pour détecter les p-lactamases inductibles consiste à tester la sensibilité à la céfoxitine chez des espèces probables. La plupart d'entre elles sont résistantes à la céfoxitine. Mais cela ne permettra pas de détecter les p-lactamases de classe C sensibles à la céfoxitine. Un système d'induction peut être détecté par l'exposition d'une souche test à deux agents p-lactamines : l'un est un inducteur puissant comme la céfoxitine et l'autre, connu pour être un inducteur faible comme le céfotaxime. L'inducteur puissant antagonise l'inducteur faible [37].

Une pellicule de la souche testée est exposée à ces p-lactames disposées par paires. La distance entre les disques = 2 x le rayon de la zone d'inhibition produite par le céfotaxime testé seul. Après une nuit d'incubation, l'aplatissement du rayon de la zone d'inhibition du céfotaxime du côté de la céfoxitine indique la présence d'une p-lactamase inductible [fig. 9]. L'imipénème peut également être utilisé comme inducteur. La ceftazidime, la céfoxitine, la ceftriaxone et la pipéracilline-tazobactam sont des antibiotiques substrats [37].

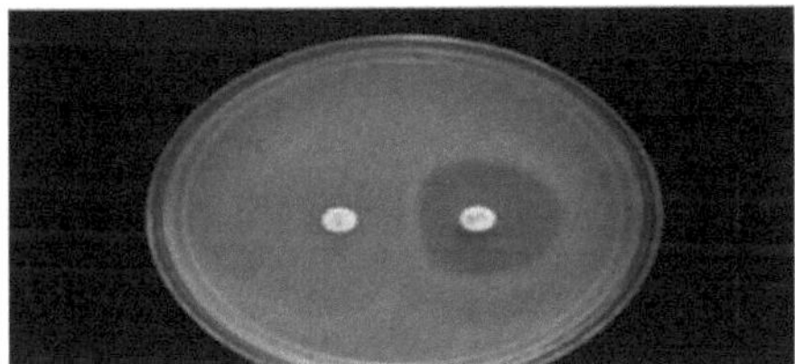

Figure 9 Détection d'une enzyme AmpC inductible chez E. *cloacae*

4. LES BETA-LACTAMASES A SPECTRE ETENDU (LBSE)

Les p-lactamases à spectre étendu (BLSE) constituent un groupe d'enzymes qui posent aujourd'hui un défi thérapeutique majeur dans le traitement des patients hospitalisés et en collectivité. Les infections dues aux producteurs de BLSE vont des infections urinaires non compliquées aux septicémies potentiellement mortelles [42].

4.1 DÉFINITION ET PROPRIÉTÉS

Les BLSE sont des enzymes dont la vitesse d'hydrolyse des antibiotiques bêta-lactames à spectre étendu tels que la ceftazidime, le céfotaxime (céphalosporines de 3rd génération) qui confèrent une résistance à presque toutes les céphalosporines [fig. 10] et l'aztréonam est supérieure de plus de 10 % à celle de la benzylpénicilline. Elles sont susceptibles d'être inhibées par des inhibiteurs de bêta-lactamines tels que l'acide clavulanique. Mais les BLSE n'ont aucune activité hydrolytique contre les céphamycines et les carbapénèmes [41][42].

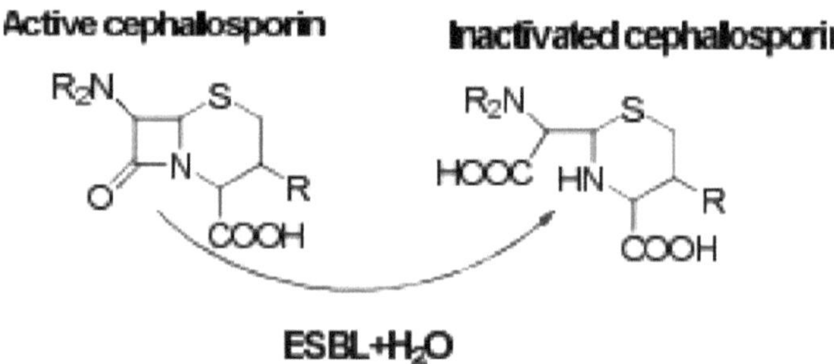

Figure 10 Inactivation de la céphalosporine par hydrolyse du cycle p-lactame par une BLSE

Les BLSE sont des b-lactamases de classe A ou de classe D de la sérine d'Ambler à site actif, capables d'hydrolyser les composés oxyimino-bêta-lactames à un taux égal ou supérieur à 10 % de celui de la benzylpénicilline. Dans le schéma de classification fonctionnelle des bêta-lactamases de Bush, Jacoby et Medeiros, les BLSE sont situées dans deux sous-groupes du groupe 2, à savoir les sous-groupes 2be (bêta-lactamases à spectre étendu ; enzymes de classe A d'Ambler) et 2d (bêta-lactamases hydrolysant la cloxacilline ; BLSE de classe D d'Ambler) [42].

Les BLSE sont généralement décrites comme des bêta-lactamases acquises qui sont codées principalement par des gènes situés sur des plasmides. Ces gènes de BLSE sont transférables entre bactéries par transfert horizontal via un plasmide, un matériel génétique extra-chromosomique à double brin qui se réplique indépendamment [36][42].

Les BLSE sont principalement produites par la famille des *Enterobacteriaceae* de microbes à Gram négatif, en particulier *Klebsiella pneumonia* et *Escherichia coli*. Elles ont également été rencontrées chez quelques bactéries non *Enterobacteriaceae* telles que *Psudomonas* spp, *Stenotrophomonas* spp, *Acinetobacter* spp, *Vibrio* spp, et *Haemopilus* spp [42].

4.2 EPIDERMIOLOGIE ET TYPES D'ESBL

En fonction de la prévalence générale, les BLSE sont largement classées en trois groupes : TEM (Temorina *Escherichia coli* mutant), SHV (Sulfhydryl variant) et CTX-M (Cefotaximase-munich) [36].

Lorsque les BLSE ont été identifiées pour la première fois dans les années 1980, on a découvert qu'il s'agissait de mutations ponctuelles des enzymes TEM et SHV, qui entraînaient une résistance aux antibiotiques de la classe des bêta-lactamines. Les mutations dans les gènes ont entraîné une activité catalytique élevée pour les bêtalactames en raison de faibles valeurs de Km (c'est-à-dire une forte affinité) pour les composés. Les types TEM et SHV ont été reconnus dans le monde entier et plus de 100 mutations ont été signalées comme étant responsables de la résistance aux céphalosporines à spectre étendu [36].

La prévalence des bactéries productrices de BLSE varie dans le monde entier, notamment aux États-Unis d'Amérique (Nord et Sud), en Europe, en Afrique (Afrique du Sud, Afrique du Nord et Afrique de l'Est) et dans les pays asiatiques [36].

4.2.1 BLSE de type TEM

La première bêta-lactamase à médiation plasmidique chez les bactéries gram-négatives TEM 1 a été signalée au début des années 1965 à Athènes, en Grèce. Le plasmide transférable nommé RTEM1 a été détecté dans une souche E. *coli* TEM cultivée à partir du sang d'un patient nommé Temoniera.

Étant donné qu'elles sont médiées par des plasmides et des transposons, les enzymes TEM-1 se sont répandues dans le monde entier et sont maintenant présentes dans de nombreuses espèces différentes de la famille des *Enterobacteriaceae, Pseudomonas aeruginosa, Hemophilus influenza etNeissiria gonorrhea*.

Puis, en 1979, une variante de la TEM-1 a été détectée et elle ne diffère que par la substitution d'un seul acide aminé. Mais ses propriétés hydrolytiques sont similaires à celles de l'enzyme TEM-1 et cette bêtalactamase est appelée TEM-2 [36][42].

En 1985, on a signalé la présence de *Klebsiella pneumoniae* présentant une résistance transférable aux céphalosporines supérieures et une activité hydrolytique contre le céfotaxime. Le séquençage des acides aminés a révélé que cette enzyme diffère de la bêta-lactamase TEM-2 par deux substitutions d'acides aminés qui lui confèrent la capacité d'hydrolyser les céphalosporines à spectre étendu. Des mutations aléatoires dans la séquence nucléotidique du gène *bla* sont responsables de la modification du spectre hydrolytique de ces enzymes. Les BLSE de type TEM les plus fréquemment signalées dans le monde sont TEM-3, TEM-5, TEM-10, TEM-12, TEM-26 et TEM-52 [36][42].

4.2.2 BLSE de type SHV

En 1979, Matthew M. a baptisé SHV-1 une bêta-lactamase à médiation plasmidique présente chez Klebsiella spp. parce qu'il pensait que le site actif de l'enzyme était constitué de groupes sulphydryle, alors que le site actif contient des groupes hydroxyle [36].

Ensuite, Kliebe *et al* ont découvert le SHV-2, qui a été le premier BLSE à être découvert. *Le* séquençage des acides aminés a révélé que le SHV-2 diffère du SHV-1 par une seule substitution d'acide aminé. Les SHV-2, SHV-2A, SHV-5 et SHV-12 sont les BLSE de type SHV les plus répandues dans le monde [36].

4.2.3 BLSE de type CTX-M

En 1990, un nouveau type de BLSE à médiation plasmidique non-TEM et non-SHV a été découvert dans des souches d'E. *coli* à Munich, en Allemagne. En raison de son activité céfotaximase prédominante et du lieu de son isolement, l'enzyme a été baptisée CTX-M [36].

Actuellement, les BLSE CTX-M sont divisées en cinq groupes, CTX-M-1, CTX-M-2, CTX-M- 8, CTX-M-9 et CTX-M-25. Les membres de chaque groupe partagent une homologie d'acides aminés de >94% et les membres de l'ensemble du groupe ont une homologie de <90%. Le gène *bla* CTX-M code 291 acides aminés pour cette enzyme et un changement dans un seul acide aminé dans le gène constitue un nouveau type de CTX-M [36][42].

Seuls certains types TEM et SHV sont des BLSE, mais toutes les enzymes CTX-M expriment le phénotype BLSE. Jusqu'aux années 1990, les types TEM et SHV étaient les BLSE prédominants, mais aujourd'hui, le BLSE CTX-M semble les avoir remplacés et est devenu le principal BLSE [36].

4.2.4 BLSE mineures

Les BLSE mineurs sont des types rarement rencontrés qui ne sont pas liés à l'un des trois types majeurs de BLSE. Il s'agit actuellement des types OXA, PER, VEB, SFO, BES, BEL, TLA et GES [36] [42].

Le type OXA est la BLSE mineure à médiation plasmidique la plus courante. Ce sont des oxacillinases, qui ont un spectre d'activité étendu contre les oxyiminocéphalosporines ou les carbapénèmes. Initialement détectées chez *Pseudomonas aeruginosa*, elles sont maintenant détectées parmi les membres des *Enterobacteriaceae* [36].

Les deux autres BLSE mineures fréquemment signalées sont les types VEB et PER, que l'on retrouve plus souvent chez les *Pseudomonas* spp. que chez les *Enterobacteriaceae* [36].

4.3 Détection en laboratoire des BLSE

La prévalence accrue des BLSE parmi les *entérobactéries* crée un grand besoin de méthodes de test de laboratoire qui identifieront avec précision la présence de ces enzymes dans les isolats cliniques. La méthode CLSI (Clinical Laboratory Standard Institution) est le test de sensibilité aux antibiotiques le plus utilisé. La détection des producteurs de BLSE dans la méthode CLSI se fait d'abord par un test de dépistage, puis par un test de confirmation [40].

Pour le dépistage, le CLSI recommande la méthode de diffusion sur disque ou la méthode de microdilution en bouillon [40].

4.3.1 DÉPISTAGE DE L'ESBL - DIFFUSION SUR DISQUE

Le CLSI recommande l'utilisation de cefpodoxime, cefotaxime, ceftriaxone, ceftazidime ou aztréonam pour le dépistage par la méthode de diffusion sur disque [40].

Pour le dépistage des BLSE, préparez une suspension équivalente à 0,5 McFarland de l'organisme à tester et inoculez-la sur de la gélose Muller Hinton pour obtenir une croissance confluente. Ce test utilise une céphalosporine de troisième génération et un co-amoxyclav. Placer un disque de céfotaxime, de ceftriaxone ou de ceftazidime et un disque d'amoxicilline-acide clavulanique ou d'acide ticarcilline-acide clavulanique, en les espaçant de 20 mm, sur la pelouse test. Après une incubation d'une nuit, si une production de BLSE est présente, une zone inhibitrice claire et renforcée autour du disque de céphalosporine s'étend sur le côté le plus proche du disque de co-amoxyclav, ce qui donne un aspect de trou de serrure [Fig. 10]. Les zones inférieures [Tableau 4] peuvent indiquer une production de BLSE [40].

Organism	Antibiotic	Strength	Zone Of Diameter
K.Pneumoniae	Cefpodoxime	10 µg	≤ 17mm
K. oxytoka	Ceftazidime	30 µg	≤ 22mm
E.coli	Aztreonam	30 µg	≤ 27mm
	Cefotaxime	30 µg	≤ 27mm
	ceftriaxone	30 µg	≤ 25mm
P. mirabilis	Cefpodoxime	10 µg	≤ 22mm
	Ceftazidime	30 µg	≤ 22mm
	Cefotaxime	30 µg	≤ 27mm

Tableau 4 La zone de diamètre indique la production de BLSE dans les espèces concernées

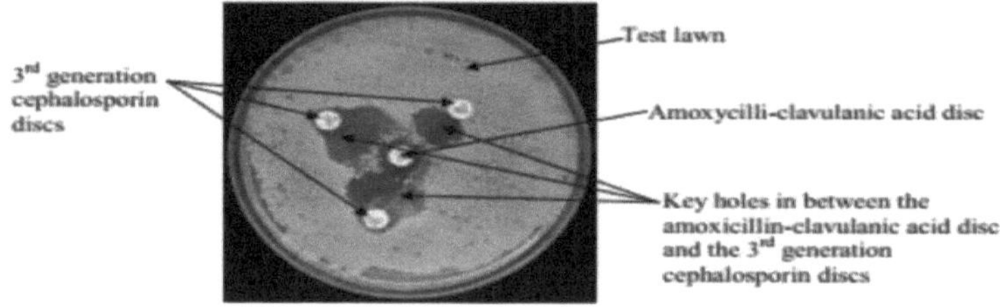

Figure 11 Apparition d'un trou de serrure dû à la production de BLSE

Les tests de dépistage positifs doivent être confirmés par un test de confirmation.

4.3.2 TEST DE CONFIRMATION DE L'ESBL

Le CLSI recommande d'effectuer une confirmation phénotypique des isolats de *K. pneumoniae*, *K. oxytoca* ou *E. coli* potentiellement producteurs de BLSE en testant à la fois le céfotaxime 30 pg et la ceftazidime 30 pg, seuls et en association avec l'acide clavulanique (disque combiné) [Fig. 12]. Les tests peuvent être effectués par la méthode de microdilution en bouillon ou par diffusion sur disque.

Pour les tests de diffusion sur disque, une augmentation de > 5 mm du diamètre de la zone pour l'un ou l'autre des agents antimicrobiens testés en association avec l'acide clavulanique par rapport à la zone testée seule confirme la présence d'un organisme producteur de BLSE [40].

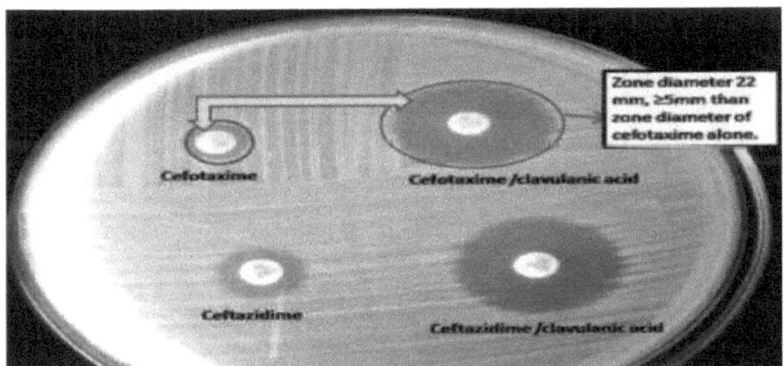

Figure 12 Test de confirmation de la présence de BLSE par la méthode du disque combiné

La même chose est disponible sous forme de bandelette en E dont une extrémité contient le gradient de céphalosporine de 3ème génération et l'autre extrémité contient la céphalosporine de 3ème génération combinée à un inhibiteur de bêta-lactamase. Si le rapport entre la CMI de la céphalosporine de 3ème génération et la CMI de l'association céphalosporine-inhibiteur de bêta-lactamase est > 8, cela confirme la production de BLSE [40].

Figure 13 Méthode de la bandelette électronique pour confirmer la production de BLSE

5. CARBAPÉNAMASES

5.1 DÉFINITION ET PROPRIÉTÉS

Les carbapénémases sont des bêta-lactamases dotées de capacités hydrolytiques polyvalentes. Ces carbapénémases confèrent le plus large spectre de résistance aux antibiotiques car elles peuvent hydrolyser non seulement les carbapénèmes mais aussi les pénicillines à large spectre, les céphalosporines et les monobactames et la plupart résistent à l'inhibition de tous les inhibiteurs de bêta-lactamase commercialement viables [44].

5.2 TYPES ET ÉPIDÉMIOLOGIE DES CARBAPÉNAMASES

La classification des bêta-lactamases peut être définie en fonction de deux propriétés, fonctionnelle et moléculaire [44].

La classification fonctionnelle de Bush *et al.* propose de classer les bêtalactamases connues en quatre grands groupes fonctionnels (groupes 1 à 4) et le groupe 2 est différencié en plusieurs sous-groupes. Les céphalosporinases du groupe 1 (classe C), les céphalosporinases du groupe 2 (classes A et D) à large spectre, résistantes aux inhibiteurs et BLSE, les carbapénémases à sérine et les métallo-bêta-lactamases (MBL) du groupe 3. Dans ce schéma de classification fonctionnelle, les carbapénémases se trouvent principalement dans les groupes 2f et 3 [44].

Sur la base d'études moléculaires, les enzymes hydrolysant les carbapénèmes peuvent être classées en deux groupes. Les enzymes à sérine possèdent un fragment de sérine sur le site actif. Les métallo-bêta-lactamases (MBL) nécessitent des cations divalents, généralement du zinc, comme cofacteurs métalliques pour l'activité enzymatique. Les carbapénémases à sérine appartiennent à la classe A ou à la classe D des enzymes et les métallo-bêta-lactamases à la classe B [44].

5.2.1 CARBAPÉNÉMASES DE CLASSE A -SÉRINE

Les carbapénémases à sérine de classe A sont les membres du groupe fonctionnel 2f. Elles peuvent hydrolyser une grande variété de bêtalactamines, notamment les carbapénèmes, les céphalosporines, les pénicillines et l'aztréonam. Cependant, elles sont toutes inhibées par le clavulanate et le tazobactam [45].

Un certain nombre d'enzymes de cette classe ont été identifiées, notamment : la carbapénémase-A non métalloenzyme (NMC-A), l'enzyme de Serratia marcescens (SME-1 à SME-3), la bêta-lactamase hydrolysant l'impénem (IMI-1 à IMI-3), les carbapénémases 1-3 de K. *pneumoniae* (KPC) et la Guiana extended-spectrum (GES-1 à GES-20). Parmi ces enzymes, certaines sont codées par le chromosome et d'autres par le plasmide [39] [45].

Les gènes des bêta-lactamases SME, IMI et NMC-A sont situés sur le chromosome. Ils sont rares en raison de l'absence d'association avec l'élément mobile. Le gène SME-1 a été détecté pour la première fois en Angleterre à partir de deux isolats de S. *marcescens* qui ont été collectés en 1982. Les NMC-A et IMI ont été isolés à partir d'isolats cliniques rares d'*Enterobacter cloacae* aux États-Unis, en France et en Argentine. Le NMC-A et l'IMI-1 ont 97 % d'identité d'acides aminés et ressemblent au SME-1, avec environ 70 % d'identité d'acides aminés. Ces bétalactamases chromosomiques sont induites en réponse à l'imipénème et à la céfoxitine [44] [45].

Les carbapénémases de la famille KPC et GES sont codées par un plasmide. Parmi celles-ci, les KPC sont les plus répandues et, quelques années après leur découverte, elles se sont répandues dans le monde entier. Le projet de surveillance épidémiologique de la résistance aux antimicrobiens dans les soins intensifs a découvert le premier membre de la famille des KPC dans un isolat clinique de *Klebsiella* en Caroline du Nord en 1996. Cet isolat était certes résistant à toutes les bêta-lactamines testées, mais la concentration minimale inhibitrice (CMI) du carbapénème diminuait en présence d'acide clavulanique. Après la découverte de la KPC-1, une variante à un seul acide aminé, la KPC-2, a été signalée aux États-Unis en 2003 à la suite d'une mutation ponctuelle dans la KPC-1 [39] [45].

La famille KPC peut se propager facilement en raison de sa localisation sur les plasmides. Elle est le plus souvent présente chez K. *pneumoniae*, un organisme connu pour sa capacité à accumuler et à transférer des déterminants de résistance. Une revue des gènes de la KPC par Perez et van Duin indique qu'il existe actuellement 12 variantes supplémentaires de *blaKPC* dans le monde et qu'en raison des options thérapeutiques limitées, les clones résistants à la KPC se disséminent au niveau international dans plusieurs régions [39].

5.2.2 CARBAPÉNÉMASES DE CLASSE B

Le spectre des substrats de cette classe de bêta-lactamases est assez large. Outre les carbapénèmes, la plupart de ces enzymes peuvent hydrolyser les céphalosporines et les pénicillines. Cependant, elles n'ont pas la capacité d'hydrolyser l'aztréonam. Elles sont résistantes aux inhibiteurs de bêta-lactamase disponibles dans le commerce, mais sont sensibles à l'inhibition par l'acide éthylènediamine-tétraacétique (EDTA), un chélateur de Zn^{2+} et d'autres cations divalents. Ce mécanisme d'hydrolyse est basé sur l'interaction des bêta-lactamines avec les ions zinc dans le site actif de l'enzyme [44].

Les métallo-bêta-lactamases (MBL) codées par chromosome sont principalement présentes dans les isolats environnementaux d'*Aeromonas*, *Chryseobacterium* et *Stenotrophomonas* spp. et ont généralement un faible potentiel pathogène. La plupart des LBM cliniquement importantes appartiennent à cinq familles différentes : l'imipénème [IMP], la métallo-bêta-lactamase codée par intégrons de Vérone [VIM], la métallo-p-lactamase de Sao Paulo [SPM], l'imipénémase allemande [GIM] et l'imipénémase de Séoul [SIM]. Ces enzymes sont généralement transmises par des éléments génétiques mobiles insérés dans des intégrons et se propagent à travers *Pseudomonas aeruginosa*, *Acinetobacter* spp, d'autres non-fermenteurs gram-négatifs et des bactéries entériques pathogènes [44][45].

Récemment, la métallo-p-lactamase-1 (NDM-1) de New Delhi a fait l'objet de la plus grande attention. À la mi-2010, le gène NDM-1 pourrait avoir été acquis par des bactéries de la communauté et introduit dans d'autres pays, notamment en Europe, aux États-Unis et même en Inde. Environ 8 variants ont été identifiés dans ce groupe. Les gènes NDM sont dominants dans les isolats de *Klebsiella pneumoniae* et d'*Escherichia coli*, mais ils ont également été trouvés en association avec les organismes *Acinetobacter baumannii* et *Pseudomonas aeruginosa* [39][44].

5.2.3 CARBAPÉNÉMASES À SÉRINE DE CLASSE D

Ces bêtalactamases peuvent hydrolyser la cloxacilline ou l'oxacilline à un taux supérieur à 50 % de celui de la benzylpénicilline et sont donc connues sous le nom d'enzymes OXA. Mais ces enzymes ont une faible activité contre les carbapénèmes. L'activité plus faible de la carbapénémase est donc augmentée en couplant la production de p-lactamase à un mécanisme de résistance supplémentaire, tel qu'une diminution de la perméabilité membranaire ou une augmentation de l'efflux actif [44].

Les enzymes apparentées aux OXA constituent désormais la deuxième plus grande famille de bêta-lactamases. Ces enzymes sont des sérine-bêta-lactamases peu inhibées par l'EDTA ou l'acide clavulanique. On trouve ces enzymes principalement dans les organismes non fermenteurs tels que *Acinetobacter baumannii, Pseudomonas aeruginosa* et rarement dans les isolats de la famille des *Enterobacteriaceae* dans la plupart des pays [44].

La p-lactamase OXA à activité carbapénémase a été décrite pour la première fois par Paton *et al.* sur un isolat d'*Acinetobacter baumannii* en 1985 en Ecosse. La principale préoccupation concernant les carbapénémases OXA est leur capacité à muter rapidement et à étendre leur spectre d'activité. Les carbapénémases de classe D se sont réparties en quatre sous-familles de bêtalactamases de type OXA (OXA-23, OXA-24, OXA-58 et OXA-146). Actuellement, l'OXA-48 est la plus fréquente chez *Klebsiella pneumoniae* en Turquie, au Moyen-Orient, en Afrique du Nord et en Europe. Le type

OXA-24 non-nosocomial a été trouvé dans des espèces environnementales d'*Acinetobacter*. La propagation du type OXA-23 est plus fréquente aux Etats-Unis et en Europe. Le groupe OXA-58 est également présent de manière significative dans le monde entier [38] [45].

Les enzymes OXA sont difficiles à purifier en raison de leur faible rendement et difficiles à caractériser sur le plan biochimique en raison de leur faible taux d'hydrolyse et de leur cinétique biphasique pour certains substrats.Les producteurs de type OXA- 48 sont parmi les carbapénémases les plus difficiles à identifier en raison de leurs analogues mutants ponctuels avec les BLSE. Il est donc difficile d'estimer leur véritable taux de prévalence. Au fil des ans, 102 séquences OXA uniques ont été identifiées, dont 9 sont des p-lactamases à spectre étendu et au moins 37 sont considérées comme des carbapénémases [45].

5.3 DÉTECTION EN LABORATOIRE DES CARBAPÉNAMASES

La présence d'une carbapénémase peut être détectée par un certain nombre de méthodes dans les laboratoires cliniques. Il s'agit notamment du test de Hodge modifié, du test Carba NP, des milieux chromogènes pour le dépistage des carbapénamases, etc.

5.3.1 TEST DE HODGE MODIFIÉ POUR DÉTECTER LA PRODUCTION DE CARBAPÉNAMASE

Le test de Hodge modifié (MHT) est un test phénotypique simple permettant de détecter la présence de l'enzyme carbapénémase chez les bactéries. Un test MHT positif est observé pour la carbapénémase de Klebsiella pneumoniae (KPC), la métallo-bêta-lactamase (MBL) et la SME-1 de *Serratia marcescens*. Le test de Hodge modifié (MHT) a été proposé comme test de dépistage des carbapénémases [39].

Le test est réalisé en inoculant l'isolat d'étude avec une souche indicatrice sensible aux carbapénèmes et en évaluant la distorsion de la zone d'inhibition de la souche indicatrice due à la production de carbapénémase par l'isolat d'étude. Ici, l'inactivation d'un carbapénème par des souches productrices de carbapénémase (isolat d'essai) permet à une souche indicatrice sensible aux carbapénèmes (E. coli ATCC® 25922) d'étendre sa croissance vers un disque contenant des carbapénèmes le long de la ligne d'inoculation de la souche d'essai [38].

Pour effectuer le prêt du test de la charnière modifiée, la plaque avec la souche E. *coli* ATCC 25922 - souche indicatrice. Ajouter un disque antibiotique de carbapénème (méropénème ou ertapénème) au milieu de la plaque. Ensemencer l'organisme à tester à partir du disque antibiotique jusqu'à la périphérie de la plaque. Propagez les contrôles positifs et négatifs en même temps que le test. Un résultat positif donne une indentation en forme de trèfle [38].

Le test de Hodge modifié a été largement utilisé. Il s'agit d'une technique phénotypique de détection de l'activité carbapénémase couramment utilisée dans les laboratoires de pathologie clinique. Ce test a été recommandé par le CLSI en 2009, mais il n'est pas spécifique pour la détection de toutes les enzymes carbapénémases [44].

Bonnin *et al.* ont réalisé des tests de Hodge modifiés sur 19 isolats d'*Acinetobacter baumannii* producteurs de carbapénémases et ont trouvé des résultats négatifs pour tous les isolats producteurs de NDM testés et seulement des résultats faiblement positifs pour les producteurs de type VIM, IMP et OXA [44]. Il existe des rapports relatifs aux tests de sensibilité dans lesquels les tests ont montré une sensibilité réduite mais donnent des résultats systématiquement négatifs pour la présence de carbapénémases. Ces résultats peuvent être dus à un échange génétique plus important entre les souches bactériennes NDM-1, en particulier si l'on utilise un milieu gélosé Mueller-Hinton non enrichi en zinc [45].

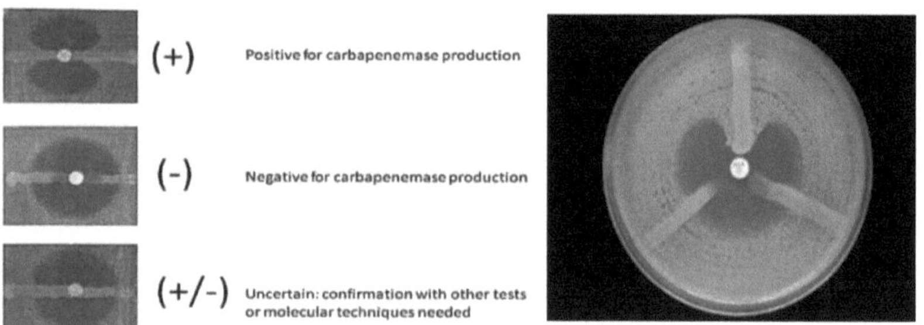

Figure 14 Observations du test de Hodge modifié **Figure 15** Résultat d'une souche productrice de carbapénamase

5.3.2 Test Carba NP

Le test de Carba Nordmann-Poirel, récemment mis au point, est utilisé pour détecter les producteurs de carbapénémase dans les *Enterobacteriaceae* [45].

La technique ne nécessite aucune expertise, est reproductible, peu coûteuse et peut facilement être adaptée comme un test supplémentaire important dans tout laboratoire clinique. Le test peut aider les établissements de santé à contrôler et à mettre en œuvre des mesures de confinement rapides pour limiter la propagation des producteurs de carbapénémase dans les hôpitaux. Nordmann *et al.* ont décrit le test comme étant le plus efficace par rapport aux méthodes moléculaires [44].

Dans le test carba NP, étiqueter deux tubes de microcentrifuge (un "a" et un "b") pour chaque isolat de patient, organisme QC, et contrôle de réactif non inoculé. Ajouter 100pL de réactif d'extraction des protéines bactériennes dans chaque tube. Pour chaque isolat à tester, émulsionner une anse de 1 pL de bactéries provenant d'une plaque de gélose au sang pendant la nuit dans les deux tubes "a" et "b", puis agiter chaque tube au vortex pendant 5 secondes. (Les tubes de contrôle des réactifs non inoculés doivent contenir uniquement le réactif d'extraction des protéines bactériennes, sans organisme). Ajouter 100 pL de solution A de Carba NP au tube "a". Ajouter 100 pL de la solution B de Carba NP (solution A + imipenem) au tube "b". Bien mélanger les tubes au vortex. Enfin, incuber à 35°C ± 2°C pendant 2 heures maximum. Les isolats qui présentent des résultats positifs avant 2 heures peuvent être déclarés comme producteurs de carbapénémase [40] [Tableau 5].

Tube "a": Solution A (serves as internal control)	Tube "b": Solution B	Interpretation
Red or red-orange	Red or red-orange	Negative, no carbapenemase detected
Red or red-orange	Light orange, dark yellow, or yellow	Positive, carbapenemase producer
Red or red-orange	Orange	Invalid
Orange, light orange, dark yellow, or yellow	Any color	Invalid

Tableau 5 Interprétation du test carba NP

Le test Carba NP est réalisé dans des puits et le changement de couleur du rouge à l'orange ou au jaune indique que les souches testées produisent des carbapénémases. Le test Carba NP identifie rapidement et de manière fiable les producteurs de carbapénémases par les changements de pH en utilisant le rouge de phénol comme indicateur. La couleur apparaît dans les deux heures qui suivent, ce qui permet de détecter les souches résistantes à l'imipénem en raison de mécanismes non médiés par la carbapénémase, tels que des mécanismes de résistance combinés, ou les souches sensibles aux carbapénèmes mais exprimant une p-lactamase à large spectre sans activité carbapénémase [44].

	MHT	Carba NP
Organisms	*Enterobacteriaceae* that are not susceptible to one or more carbapenems	*Enterobacteriaceae, P. aeruginosa,* and *Acinetobacter* spp. that are not susceptible to one or more carbapenems
Strengths	Simple to perform No special reagents or media necessary	Rapid
Limitations	False-positive results can occur in isolates that produce ESBL or AmpC enzymes coupled with porin loss. False-negative results are occasionally noted (eg. some isolates producing NDM carbapenemase). Only applies to *Enterobacteriaceae.*	Special reagents are needed, some of which necessitate in-house preparation (and have a short shelf life). Invalid results occur with some isolates. Certain carbapenemase types (eg. OXA-type, chromosomally encoded) are not consistently detected.

Tableau 6 Comparaison du test de la charnière modifiée et du test de la NP carba

5.3.3 MILIEUX CHROMOGÈNES POUR LE DÉPISTAGE DES CARBAPÉNAMASES

L'utilisation d'une préparation de gélose chromogène est apparue pour l'identification des organismes multirésistants (MDR) à partir de cultures de surveillance telles que CHROMagar KPC et CHROMagar™ *Acinetobacter.*

Les milieux de culture sont rendus sélectifs par l'ajout de substrats chromogènes et d'agents qui inhibent la croissance d'autres isolats Gram-positifs et Gram-négatifs. Les milieux de culture CHROMagar™ ont été formulés à l'origine pour le dépistage des patients en soins intensifs, puis remaniés pour que les espèces d'*Acinetobacter* apparaissent sous forme de colonies rouge saumon brillant. Une nouvelle formulation, avec l'ajout du supplément de carbapénémase de *Klebsiella pneumoniae*, a permis de repérer les *Acinetobacter baumannii* résistants aux carbapénèmes. Des modifications récentes apportées à CHROMagar *Acinetobacter* ont amélioré la croissance sélective des organismes résistants aux carbapénèmes [38].

Selon les études d'Arnold *et al.* CHROMagar KPC a une sensibilité de 100% et une spécificité de 98,4% par rapport à la réaction en chaîne par polymérase (PCR). Cette technique est utilisée pour l'identification confirmative de la production de KPC, bien qu'elle soit coûteuse et qu'elle soit surtout réalisée dans les laboratoires de recherche. La gélose chromogène est facile à lire car les substrats chromogènes et les peptones permettent une coloration spécifique pour une identification claire. De plus, la gélose chromogène réduit le nombre de tests de confirmation, ce qui permet d'économiser du temps et de l'argent et de réduire la charge de travail [38].

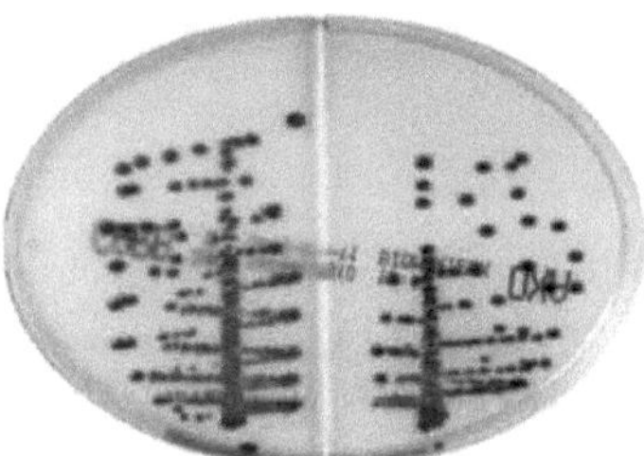

Figure 16 Détection des espèces productrices de carbapénamase par gélose chromogène

6. LA RÉSISTANCE AUX ANTIBIOTIQUES PAR L'INTERMÉDIAIRE D'AUTRES ENZYMES

6.1 ENZYMES RÉSISTANTES AUX AMINOGLYCOSIDES ET LEUR ACTION

Les mécanismes de la résistance bactérienne aux aminoglycosides sont divers. Le mécanisme le plus répandu de résistance aux aminoglycosides (AG) est l'inactivation de ces antibiotiques par une famille d'enzymes nommée.

Chaque enzyme modificatrice d'AG modifie un AG à une position spécifique ; par conséquent, ces enzymes modificatrices d'AG (AME) sont dites régiosélectives. Il s'agit d'un mécanisme de résistance spécifique. Cette grande famille d'enzymes contient trois sous-classes, divisées en fonction du type de modification chimique qu'elles appliquent à leurs substrats AG : Les AG N-acétyltransférases (AAC), les AG O-nucléotidyltransférases (ANT) et les AG O-phosphotransférases (APH) [45].

Les enzymes modifiant les aminoglycosides sont les N -acétyltransférases (AAC), qui utilisent l'acétyl-coenzyme A comme donneur et affectent les fonctions amino, et les O -nucléotidyltransférases (ANT) et O -phosphotransférases (APH), qui utilisent toutes deux l'ATP comme donneur et affectent les fonctions hydroxyle. Les fonctions affectées dans les aminoglycosides typiques (dérivés de la kanamycine et de la gentamicine) se situent sur les positions 3, 2' et 6' pour l'AAC, les positions 4' et 2" pour l'ANT et les positions 3' et 2" pour l'APH [46]

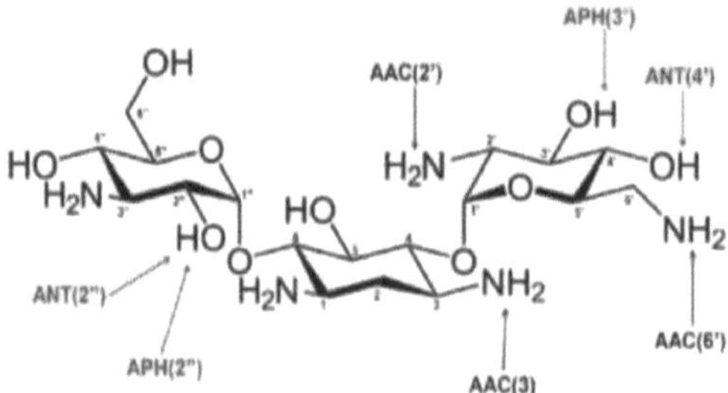

[fig.17].

Figure 17 Enzymes modifiant les positions d'un aminoglycoside typique

Les enzymes modifiant les aminosides sont souvent codées par des plasmides mais sont également associées à des éléments transposables. L'échange de plasmides et la dissémination des transposons facilitent l'acquisition rapide d'un phénotype de résistance aux médicaments, non seulement au sein d'une espèce donnée, mais aussi parmi une grande variété d'espèces bactériennes [47].

La modification enzymatique des aminoglycosides par des kinases est apparue dans pratiquement toutes les bactéries cliniquement pertinentes, tant à Gram positif qu'à Gram négatif. La distribution et la diffusion de ces enzymes varient en fonction de l'environnement et de l'espèce bactérienne. Par exemple, la 3p-O-phosphotransférase [APH] est très couramment présente chez *Pseudomonas* spp, *Klebsiella* spp, E. *coli* et *Staphylococcus aureus*. La kanamycine est inactivée par phosphorylation, mais la gentamicine, la tobramycine et l'amikacine sont résistantes à ce mode de résistance [9].

Un représentant important de ces enzymes, l'APH (3")-Ia, a été trouvé dans plusieurs gram négatifs et au moins un gram positif. Les enzymes APH (3")-I sont distribuées parmi un large éventail de bactéries, y compris le *Streptomyces griseus* N2-3- 11 producteur de streptomycine et les gram négatifs. Le gène aph(3p)-Ia a été identifié à l'origine comme faisant partie du transposon Tn903 dans *Escherichia coli*. Le gène aph(3p)-Ia a également été trouvé comme partie d'autres éléments mobiles tels que Tn4352 chez *Salmonella enterica* serovar Typhimurium, Tn2680 chez *Proteus vulgaris* et Tn5715 chez *Corynebacterium striatum* et l'élément transposable du plasmide R391 de *Providencia rettgeri*. Les enzymes APH(2q)-I sont présentes principalement chez les gram positifs et dans au moins une souche d'E. coli ; l'activité APH(2q)-Ia est présente dans plusieurs *Streptococcus* et *Enterococcus* spp [48].

Les ANT catalysent le transfert d'un groupe AMP du substrat ATP à un groupe hydroxyle dans la molécule d'aminoglycoside. L'ANT (2")-I se trouve dans les plasmides, les transposons et les intégrons des gram négatifs. Les enzymes ANT (4")-I sont présentes dans les organismes Gram négatifs et également dans les organismes Gram positifs, dont *Staphylococcus aureus* [48].

Les AACs catalysent l'acétylation des groupes -NH2 dans la molécule antibiotique en utilisant l'acétylcoenzyme A comme substrat donneur. AAC(2p)-Ic, AAC (3)-Ia, et AAC(6p)-Ii, ont été récemment résolus et ils sont tous de nature dimérique. Les enzymes AAC(2p) et AAC(3) ont été détectées uniquement chez les gram négatifs. Les enzymes AAC(2p)-I se trouvent dans le chromosome des espèces *Providencia* spp. [AAC(2p)-Ia] et *Mycobacterium* [AAC(2")-Ib]. Les enzymes AAC(2p)-I ont été trouvées dans toutes les souches de toutes les espèces de mycobactéries. AAC (3)- trouvée dans l'intégrine de P. *aeruginosa* et d'un S. *enterica*. Les enzymes AAC(6p) ont été trouvées dans des plasmides ou des chromosomes de gram positif et de gram négatif, souvent dans des transposons ou des intégrons [39].

6.2 LES ACÉTYLTRANSFÉRASES DANS LA RÉSISTANCE AU CHLORAMPHÉNICOL

Les chloramphénicol acétyltransférases [CAT] inactivent le chloramphénicol par acétylation, qui est le mécanisme de résistance au chloramphénicol le plus répandu chez les bactéries [fig. 18]. L'enzyme est cytoplasmique et tétramérique chez toutes les espèces bactériennes examinées à ce jour. Elle est constituée de quatre sous-unités catalytiques identiques, dont le poids moléculaire est d'environ 25 000. Les nombreux exemples de CAT caractérisés à ce jour constituent une famille de protéines qui catalysent l'acétylation du chloramphénicol avec une efficacité variable. [50].

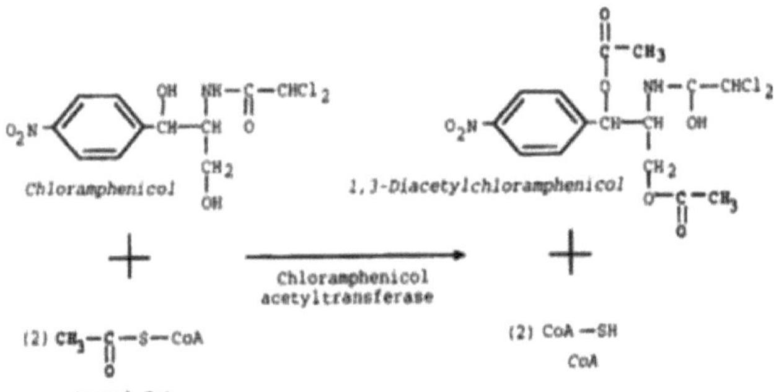

Figure 18 Mécanisme de résistance des bactéries au chloramphénicol

Les CAT ont été décrites chez les bactéries à Gram positif et à Gram négatif. La synthèse de la CAT est constitutive chez E. *coli* et d'autres bactéries Gram-négatives qui hébergent des plasmides portant le gène structural de l'enzyme, tandis que les bactéries Gram-positives telles que *Staphylococci* sp. et *Streptococci* sp. synthétisent la CAT uniquement en présence de chloramphénicol et de composés apparentés [50]. Il existe deux types définis de CAT qui diffèrent nettement dans leur structure : Les CAT classiques, appelées CAT de type A, et les nouvelles CAT, appelées CAT de type B. Il existe au moins 16 groupes distincts de CAT. Il existe au moins 16 groupes distincts de gènes de *CAT de type A* (A1-A16) et au moins 5 groupes différents de gènes de CAT de type B (B1-B5). Les CAT de type A et B sont toutes deux capables d'acétyler le groupe hydroxyle en C3 du chloramphénicol [51].

Le gène *cat* code pour les chloramphénicol acétyltransférases (CAT) qui inactivent les médicaments choramphénicol, thiamphénicol et azidamfénicol par acétylation, ce qui est le mécanisme le plus courant conférant la résistance au chloramphénicol chez les bactéries [51]. Outre l'inactivation du chloramphénicol par acétylation, d'autres mécanismes d'inactivation enzymatique, tels que la réaction d'O-phosphorylation et d'hydrolyse, ont été identifiés [52].

Le mécanisme biochimique de la résistance bactérienne au chloramphénicol est généralement celui de l'inactivation par O-acétylation de l'antibiotique, une réaction catalysée par la chloramphénicol acétyltransférase (CAT) avec l'acétyl-CoA comme donneur d'acyle. La CAT est un trimère de sous-unités identiques et la structure trimérique est stabilisée par un certain nombre de liaisons hydrogène, dont certaines entraînent l'extension d'un feuillet bêta à travers l'interface de la sous-unité. Le chloramphénicol se lie dans une poche profonde située à la limite entre les sous-unités adjacentes du trimère, de sorte que la majorité des résidus formant la poche de liaison appartiennent à une sous-unité tandis que l'histidine catalytiquement essentielle appartient à la sous-unité adjacente. L'histidine 195 est positionnée de manière appropriée pour agir comme un catalyseur de base général dans la réaction, et la stabilisation tautomérique requise est assurée par une interaction inhabituelle avec un oxygène carbonyle de la chaîne principale [54]. Des études antérieures ont démontré que les réactions suivantes décrivent le sort du chloramphénicol dans les bactéries qui contiennent la CAT [fig. 19] [50].

$$Chloramphenicol + acetyl\text{-}CoA \longrightarrow 3\text{-}acetoxy\ chloramphenicol + CoA \quad (1)$$

$$3\text{-}Acetoxy\ chloramphenicol \rightleftharpoons 1\text{-}acetoxy\ chloramphenicol \quad (2)$$

$$1\text{-}Acetoxy\ chloramphenicol + acetyl\text{-}CoA \longrightarrow 1,3\text{-}diacetoxy\ chloramphenicol + CoA \quad (3)$$

Figure 19 Réactions pour le devenir du chloramphénicol dans les bactéries

Les réactions (1) et (3) sont toutes deux catalysées par la CAT, tandis que la réaction (2) est un réarrangement non enzymatique et dépendant du pH [50]. Le chloramphénicol contient deux groupes hydroxyle

qui sont acétylés dans une réaction catalysée par les enzymes CAT. Il en résulte des dérivés monoacétylés et diacétylés. La formation enzymatique du 1,3-diacétoxy chloramphénicol est lente et n'est pas nécessaire à l'inactivation de l'antibiotique, puisque les dérivés mono-acétoxy du chloramphénicol sont dépourvus d'activité et incapables de se lier à la sous-unité ribosomale 50S et d'inhiber les ribosomes peptidyltransférases procaryotes [53].

6.3 ÉRYTHROMYCINE ESTÉRASE ET MÉCANISME DE RÉSISTANCE

L'enzyme capable de dégrader l'antibiotique érythromycine et d'abolir son activité antibactérienne par hydrolyse du cycle lactone est l'érythromycine estérase, ou Ere [fig. 20]. Au début des années 1980, Courvalin et son groupe ont découvert un isolat clinique d'*Escherichia coli* hautement résistant à l'érythromycine et qui inactive l'érythromycine [55,56].

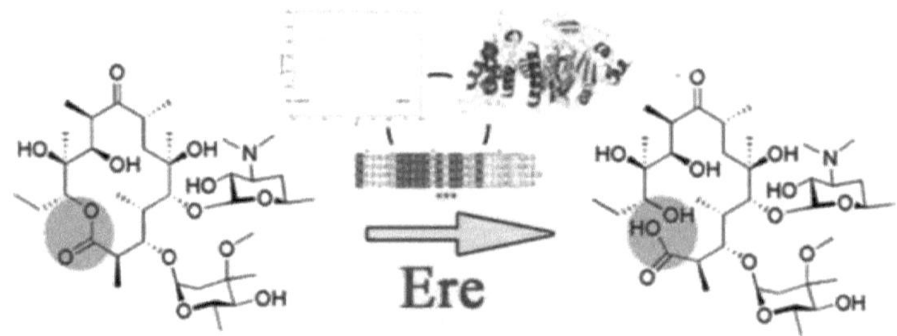

Figure 20 Hydrolyse du cycle lactone par l'érythromycine estérase

L'hydrolyse enzymatique du cycle macrolactone est catalysée par les érythromycine estérases, EreA et EreB ; ce sont donc les érythromycine estérases EreA et EreB qui ont la plus grande importance clinique. L'EreA présente un profil de spécificité de substrat plus limité. Elle n'hydrolyse pas l'azithromycine et la télithromycine. C'est une enzyme métal-dépendante dont l'activité est inhibée par les agents chélateurs. Un gène dont la séquence est similaire à celle du gène ereA d'E. *coli* à plus de 80 % est désigné ereA, tandis que tout autre gène présentant une activité ere prédite peut être annoté comme ereB. EreB confère une résistance à presque tous les macrolides à 14 et 15 chaînons, à l'exception de la télithromycine. ereB était d'origine exogène à E. coli et avait probablement été acquis à partir d'un organisme Gram positif. Les gènes codant pour ces estérases se localisent dans des plasmides et sont souvent liés à d'autres gènes de résistance aux antibiotiques [55,537].

Récemment, le séquençage d'un isolat clinique multirésistant de *Klebsiella pneumoniae* provenant d'Inde a révélé un gène ere partageant 92 % de similarité de séquence nucléotidique avec ereA, et a été désigné comme ereC [58].

La capacité des estérases purifiées à inactiver l'érythromycine a été testée par un essai de diffusion sur disque de Kirby-Bauer. Pour évaluer l'inactivation des antibiotiques, l'enzyme purifiée a été incubée avec 25 p g/mL de macrolide pendant 1 heure à 24° C, la réaction a été arrêtée par l'addition de méthanol à 50 % (v/v), et la protéine précipitée a été éliminée par centrifugation. Une boîte de

Pétri a été inoculée avec un gazon de l'organisme sensible aux macrolides, *Micrococcus luteus*, et 10 pL du surnageant de la réaction ont été déposés sur un disque de papier stérile placé sur la gélose. Après deux jours de croissance, aucune zone d'inhibition n'a été observée autour du disque contenant de l'érythromycine inactivée enzymatiquement, par rapport à celui contenant de l'érythromycine seule [59].

3.4 ENZYMES INACTIVANT LA TÉTRACYCLINE

Les enzymes capables d'inactiver la tétracycline sont paradoxalement rares par rapport aux enzymes qui inactivent d'autres antibiotiques d'origine naturelle. Une famille de flavoenzymes, qui sont capables de dégrader les antibiotiques de type tétracycline [60].

L'inactivation enzymatique de la tétracycline comme mécanisme de résistance a été proposée par Speer et Salyers avec la caractérisation du gène tetx [62]. En 1983, Guiney et ses collègues ont découvert que la région de résistance à la clindamycine de deux plasmides pBF4 et pCP1 de *Bacteroides* spp. conférait une faible résistance à la tétracycline lorsqu'elle était clonée dans un E. *coli à* croissance aérobie. à croissance aérobie. L'étude a également révélé que l'inhibition de la fonction du produit du gène dans des conditions anaérobies n'était pas due à l'inhibition du système de transport d'électrons mais au manque d'oxygène, ce qui implique un besoin d'oxygène. Des études de suivi menées en ajoutant du NADPH ou du NADH dans les extraits cellulaires ont démontré que le produit du gène tetx avait besoin de NADPH pour son activité [fig.21] [63].

Trois gènes ont déjà été rapportés pour inactiver la tétracycline bien que l'activité d'une seule enzyme, Tet(X), ait été confirmée in vitro. L'analyse cinétique en régime permanent a démontré que TetX a une large spécificité de substrat avec la capacité d'inactiver plusieurs membres de la famille des tétracyclines testés. L'identification du produit tétracycline inactivé a révélé que le processus d'inactivation de la tétracycline est une réaction d'oxydation de la tétracycline catalysée par TetX. Tet(X) est une flavoprotéine monooxygénase qui inactive les antibiotiques tétracyclines par monohydroxylation suivie d'une dégradation spontanée et non enzymatique [61].

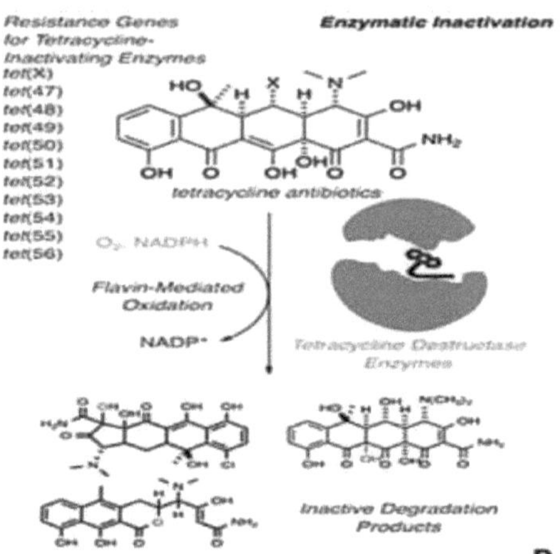

Figure 21 Inactivation enzymatique de la tétracycline par la tétracycline déstructase

En 2004, Wright et ses collègues ont exprimé TetX, TetX1 et TetX2 de manière hétérologue dans E. coli et ont purifié les protéines recombinantes (Yang et al., 2004). TetX et TetX2 sont identiques à 99 % en termes de séquence, et les deux protéines ont été purifiées avec un cofacteur de flavine lié et se sont avérées être des dégradateurs de tétracyclines.

En 2013, le gène tetX a été trouvé dans une variété d'agents pathogènes Gram négatif tels que *Enterobacter cloacae*, *Comamonas testosteroni*, *E. coli*, *Klebsiella pneumonia*, *Delftia acidovorans*, et d'autres membres des *Enterobacteriaceae* et *Pseudomonadaceae* [64].

7. L'IMPORTANCE DE LA RÉSISTANCE AUX ANTIBIOTIQUES POUR LA SANTÉ PUBLIQUE

Dès que les antibiotiques ont été inventés, les bactéries ont commencé à développer une résistance à ces antibiotiques. Aujourd'hui, les hôpitaux sont envahis par des bactéries résistantes aux antibiotiques en raison de l'utilisation excessive de ces derniers.

Dans les hôpitaux sri-lankais, en particulier les patients des unités de soins intensifs, sont colonisés et développent des infections dues aux espèces *Acinetobacter*, *Klebsiella* et autres *Enterobacterlaceae* qui sont résistantes à tous les antibiotiques disponibles.

Lors d'une surveillance multicentrique au Sri Lanka en 2009, les *Escherichia coli* et *Klebsiella pneumoniae* produisant des bêta-lactamases à spectre étendu (BLSE) représentaient 23,15 % du total des isolats de bactéries gram négatives dans les hémocultures. La même surveillance a été effectuée en 2013 : 20 % des isolats d'E. *coli* et 28 % des isolats de *Klebsiella* provenant d'hémocultures étaient producteurs de BLSE. Il y a donc une tendance à la hausse des taux de résistance à différents antibiotiques dans les isolats d'*Enterobacteriaceae* des cultures d'urine dans les hôpitaux sri-lankais.

On constate également un ralentissement du développement de nouveaux antibiotiques par les chercheurs après les années 1960. Dans un avenir très proche, nous risquons de ne plus disposer d'antibiotiques pour traiter efficacement certaines infections graves et le monde se dirige vers une ère post-antibiotique, dans laquelle de nombreuses infections courantes ne pourront pas non plus être soignées. Par conséquent, des mesures correctives et protectrices urgentes doivent être prises [65].

7.1 LES ENJEUX ACTUELS DU CONTRÔLE DE LA RÉSISTANCE AUX ANTIBIOTIQUES

Plusieurs problèmes ont été rencontrés lors des programmes de contrôle de la résistance aux antibiotiques. Il s'agit notamment de :

Les antibiotiques sont délivrés sans ordonnance bien que la législation stipule que les antibiotiques sont des médicaments délivrés uniquement sur ordonnance. Des travailleurs non qualifiés prescrivent des antimicrobiens bien qu'aucune donnée officielle ne soit disponible.

Le ministère de la production et de la santé animales a interdit l'utilisation d'un certain nombre de produits pharmaceutiques, dont des antibiotiques, sur les animaux, bien que ces antibiotiques soient utilisés pour favoriser la croissance dans le pays et qu'il n'existe pas de système approprié de vigilance sur le marché, de notification et de suivi des effets indésirables.

En outre, le manque de données sur la résistance aux antimicrobiens chez les animaux de compagnie ou les animaux élevés pour la consommation humaine, la consommation d'antimicrobiens, la délivrance d'antimicrobiens sans ordonnance, les habitudes de prescription et l'utilisation d'antibiotiques dans d'autres secteurs de la santé, les habitudes de prescription et l'utilisation d'antibiotiques chez les animaux élevés pour la consommation humaine et l'agriculture, etc.

En outre, les installations limitées pour vérifier la qualité des antimicrobiens et le niveau élevé d'antimicrobiens sont libres dans la communauté, de même que le manque de surveillance et d'application de la législation. L'absence de désinfectants pour les mains à base d'alcool de bonne qualité dans tous les établissements de santé a un impact important sur le contrôle de la résistance aux antibiotiques. Plus important encore, le manque de sensibilisation du public et du personnel de santé est considéré comme un problème majeur dans le contrôle de la résistance aux antibiotiques.

7.2 PROGRAMMES DE CONTRÔLE

Alertée par cette crise de résistance aux antibiotiques, l'Assemblée mondiale de la santé (mai 2015) a adopté un plan d'action mondial contre la résistance aux antimicrobiens, qui définit cinq objectifs :

- Améliorer la sensibilisation et la compréhension de la résistance aux antimicrobiens par une communication, une éducation et une formation efficaces.
- Renforcer la base de connaissances et de preuves par la surveillance et la recherche.
- Réduire l'incidence des infections par des mesures efficaces d'assainissement, d'hygiène et de prévention des infections.
- Optimiser l'utilisation des médicaments antimicrobiens en santé humaine et animale.
- Développer les arguments économiques en faveur d'investissements durables qui tiennent compte des besoins de tous les pays et accroître les investissements dans les nouveaux médicaments, les outils de diagnostic, les vaccins et autres interventions.

Ce plan d'action souligne la nécessité d'une approche efficace impliquant une coordination entre les différents secteurs internationaux tels que la médecine humaine et vétérinaire, l'agriculture ainsi que les consommateurs, etc [1]. En 2015, le ministère de la Santé, SL, en collaboration avec l'OMS, a nommé le groupe national de coordination multisectoriel pour la lutte contre la résistance aux antimicrobiens au Sri Lanka.

Le plan d'action national de lutte contre la résistance aux antimicrobiens, basé sur le plan d'action mondial de l'OMS, a été élaboré par ce groupe et est actuellement mis en œuvre de manière progressive [65].

Une surveillance et un retour d'information adéquats sur l'utilisation des antibiotiques et les schémas de résistance locaux devraient être menés régulièrement, et des mesures de contrôle des infections devraient être prises immédiatement pour empêcher la propagation des bactéries résistantes d'un patient à l'autre. Pour l'avenir, il est crucial de réduire le niveau de résistance aux antimicrobiens à un niveau très bas.

8. RÉFÉRENCES

1. Organisation mondiale de la santé. (2019). Résistance aux antimicrobiens : rapport mondial sur la surveillance 2014. [en ligne] Disponible sur : https://www.who.int/drugresistance/documents/surveillancereport/en/ [consulté le 9 mai 2019].

2. Roca, I., Akova, M., Baquero, F., Carlet, J., Cavaleri, M., Coenen, S., Cohen, J., Findlay, D., Gyssens, I., Heuer, O., Kahlmeter, G., Kruse, H., Laxminarayan, R., Liebana, E., Lopez-Cerero, L., MacGowan, A., Martins, M., Rodriguez-Bano, J., Rolain, J., Segovia, C., Sigauque, B., Tacconelli, E., Wellington, E. et Vila, J. (2015). Rectificatif à " La menace mondiale de la résistance aux antimicrobiens : la science au service de l'intervention " [New Microbes New Infect 6 (2015) : 22-29]. New Microbes and New Infections, 8, p.175.

3. Abraham, e. et chain, e. (1940). An enzyme from bacteria able to destroy penicillin. Nature, 146(3713), pp.837-837.

4. Hellinger, w. (2000). Confronter le problème de la résistance croissante aux antibiotiques. Southern medical journal, 93(9), pp.842-848.

5. Davies, J. et Davies, D. (2010). Origines et évolution de la résistance aux antibiotiques. Microbiology and Molecular Biology Reviews, 74(3), pp.417-433.

6. Sarmah, A., Meyer, M. et Boxall, A. (2006). A global perspective on the use, sales, exposure pathways, occurrence, fate and effects of veterinary antibiotics (VAs) in the environment. Chemosphere, 65(5), pp.725-759.

7. Hillier, S., Roberts, Z., Dunstan, F., Butler, C., Howard, A. et Palmer, S. (2007). Antibiotiques antérieurs et risque d'infection urinaire communautaire résistante aux antibiotiques : une étude cas-témoins. Journal of Antimicrobial Chemotherapy, 60(1), pp.92-99.

8. Cdc.gov. (2019). Système national de surveillance de la résistance aux antimicrobiens pour les bactéries entériques (NARMS) | NARMS | CDC. [en ligne] Disponible sur : https://www.cdc.gov/narms/index.html [consulté le 9 mai 2019].

9. Bonomo, R. et Tolmasky, M. (2007). Enzyme-mediated resistance to antibiotics. Washington, D.C. : ASM Press.

10. Mims, C. et ... [et al.] (2008). MIM's medical microbiology. 6th ed. [s.l.] : Elsevier Mosby, pp.447-449.

11. Greenwood, D. (2012). Microbiologie médicale. 18th ed. Édimbourg : Churchill Livingstone, p.54.

12. Gale, e. (1960). La nature de la toxicité sélective des antibiotiques. British medical bulletin, 16(1), p.11.

13. Smith, D., Dushoff, J. et Morris, J. (2005). Antibiotiques agricoles et santé humaine. PLoS Medicine, 2(8), p.232.

14. Levin, B., Lipsitch, M., Perrot, V., Schrag, S., Antia, R., Simonsen, L., Moore Walker, N. et Stewart, F. (1997). The Population Genetics of Antibiotic Resistance. Clinical Infectious Diseases, 24(Supplement_1), pp.9-16.

15. Giedraitiene, A., Vitkauskiene, A., Naginiene, R. et Pavilonis, A. (2011). Mécanismes de résistance aux antibiotiques des bactéries d'importance clinique. Medicina, 47(3), pp.137-146.

16. Egorov, A., Ulyashova, M. et Rubtsova, M. (2018). Enzymes bactériennes et résistance aux antibiotiques. Acta Naturae, 10(4), pp.33-48.

17. Wright, g. (2005). Résistance bactérienne aux antibiotiques : dégradation et modification enzymatique. Advanced drug delivery reviews, 57(10), pp.1451-1470.

18. Morar, M. et Wright, G. (2010). L'enzymologie génomique de la résistance aux antibiotiques. Annual Review of Genetics, 44(1), pp.25-51.

19. Thomson, K. et Smith Moland, E. (2000). Version 2000 : les nouvelles p-lactamases des bactéries Gram-négatives à l'aube du nouveau millénaire. Microbes and Infection, 2(10), pp.1225-1235.

20. Ambler, R. (1980). The Structure of Beta-Lactamases. Philosophical Transactions of the Royal Society B : Biological Sciences, 289(1036), pp.321-331.

21. Jaurin, B. et Grundstrom, T. (1981). La céphalosporinase ampC d'Escherichia coli K-12 a une origine évolutive différente de celle des bêta-lactamases du type pénicillinase. Proceedings of the National Academy of Sciences, 78(8), pp.4897-4901.

22. Huovinen, P., Huovinen, S. et Jacoby, G. (1988). Séquence de la PSE-2 betalactamase. Antimicrobial Agents and Chemotherapy, 32(1), pp.134-136.

23. Ambler, R. (1975). La séquence d'acides aminés de la pénicillinase de Staphylococcus aureus. Biochemical Journal, 151(2), pp.197-218.

24. Goffin C, Ghuysen JM. (1998) Multimodular penicillin-binding proteins : an enigmatic family of orthologs and paralogs. Microbiology and Molecular Biology Reviews, 62(4), pp1079-1093.

25. Drawz, S. et Bonomo, R. (2010). Trois décennies d'inhibiteurs de bêta-lactamase. Clinical Microbiology Reviews, 23(1), pp.160-201.

26. Rao, P. et Prasad, S. (2016). Détection de bêta-lactamases à spectre étendu. Indian Journal of Medical Microbiology, 34(2), p.251.

27. Kirby, w. (1944). Extraction d'un inactivateur de pénicilline très puissant à partir de staphylocoques résistants à la pénicilline. Science, 99(2579), pp.452-453.

28. Medeiros, A. (1997). Evolution et dissémination des p-Lactamases accélérées par des générations d'antibiotiques p-Lactam. Clinical Infectious Diseases, 24(Supplement_1), pp.19-45.

29. Datta, N., Hedges, R., Becker, D. et Davies, J. (1974). Plasmid-determined Fusidic Acid Resistance in the Enterobacteriaceae. Journal of General Microbiology, 83(1), pp.191-196.

30. Yigit, H., Anderson, G., Biddle, J., Steward, C., Rasheed, J., Valera, L., McGowan, J. et Tenover, F. (2002). Carbapenem Resistance in a Clinical Isolate of Enterobacter aerogenes Is Associated with Decreased Expression of OmpF and OmpC Porin Analogs. Antimicrobial Agents and Chemotherapy, 46(12), pp.3817-3822.

31. Mainardi, J., Mugnier, P., Coutrot, A., Buu-Hoi, A., Collatz, E. et Gutmann, L. (1997). Carbapenem resistance in a clinical isolate of Citrobacter freundii. Antimicrobial Agents and Chemotherapy, 41(11), pp.2352-2354.

32. Bradford, P., Urban, C., Mariano, N., Projan, S., Rahal, J. et Bush, K. (1997). Imipenem resistance in Klebsiella pneumoniae is associated with the combination of ACT-1, a plasmid-mediated AmpC beta-lactamase, and the foss of an outer membrane protein. Antimicrobial

Agents and Chemotherapy, 41(3), pp.563-569.

33. Codjoe, F. et Donkor, E. (2017). La résistance aux carbapénèmes : A Review. Sciences médicales, 6(1), p.1.

34. Fosse, T., Giraud-Morin, C., Madinier, I. et Labia, R. (2003). Sequence analysis and biochemical characterisation of chromosomal CAV-1 (Aeromonas caviae), the parental cephalosporinase of plasmid-mediated AmpC 'FOX' cluster. FEMS Microbiology Letters, 222(1), pp.93-98.

35. Livermore, D. (1995). Bêta-Lactamases dans la résistance en laboratoire et en clinique. Clinical Microbiology Reviews, 8(4), pp.557-584.

36. Rao P.N, S. (2015). Les bêta-lactamaces à spectre étendu revue complète. [en ligne]Microrao.com. http://microrao.com/micronotes/pg/ESBLs.pdf

37. Livermore, D. et Brown, D. (2001). Détection de la résistance médiée par la p-lactamase. Journal of Antimicrobial Chemotherapy, 48(suppl_1), pp.59-64.

38. Mathur, P., Tak, V. et Asthana, S. (2014). Détection de la production de carbapénémase chez les bactéries gram-négatives. Journal des médecins de laboratoire, 6(2), p.69.

39. Cury, A., Andreazzi, D., Maffucci, M., Caiaffa-Junior, H. et Rossi, F. (2012). Le test de Hodge modifié est un outil utile pour exclure la carbapénémase de Klebsiella pneumoniae. Cliniques, 67(12), pp.1427-1431

40. Weinstein, M. (2018). Normes de performance pour les tests de sensibilité aux antimicrobiens. 28e éd. Institut des normes cliniques et de laboratoire, 950 West Valley Road, Suite 2500, Wayne, Pennsylvanie 19087 USA [https://clsi.org].

41. https://www.cdc.gov/hai/settings/lab/lab_esbl.html

42. Rawat, D. et Nair, D. (2010). B-lactamases à spectre étendu chez les bactéries à Gram négatif. Journal of Global Infectious Diseases, 2(3), p.263.

43. Codjoe, F. et Donkor, E. (2017). La résistance aux carbapénèmes : A Review. Sciences médicales, 6(1), p.1.

44. Queenan, A. et Bush, K. (2007). Carbapénémases : The Versatile -Lactamases. Clinical Microbiology Reviews, 20(3), pp.440-458.

45. Ramirez, M. et Tolmasky, M. (2010). Enzymes modificatrices des aminoglycosides. Drug Resistance Updates, 13(6), pp.151-171.

46. K J Shaw, G. (2019). Génétique moléculaire des gènes de résistance aux aminoglycosides et relations familiales des enzymes modifiant les aminoglycosides. [En ligne] PubMed Central (PMC). Disponible à l'adresse : https://www.ncbi.nlm.nih.gov/pmc/ articles/PMC372903

47. Rather, P., Munayyer, H., Mann, P., Hare, R., Miller, G. et Shaw, K. (1992). Genetic analysis of bacterial acetyltransferases : identification of amino acids determining the specificities of the aminoglycoside 6'-N-acetyltransferase Ib and Ila proteins. Journal of Bacteriology, 174(10), pp.3196-3203.

48. Vakulenko, S. et Mobashery, S. (2003). Versatility of Aminoglycosides and Prospects for Their Future. Clinical Microbiology Reviews, 16(3), pp.430-450.

49. Dyda, F., Klein, D. et Hickman, A. (2000). N-acétyltransférases liées à GCN5 : A Structural Overview. Annual Review of Biophysics and Biomolecular Structure, 29(1), pp.81-103.

50. Shaw, W. (1983). Chloramphénicol Acétyltransférase : Enzymology and Molecular Biology. Critical Reviews in Biochemistry, 14(1), pp.1-46.

51. Schwarz, S., Kehrenberg, C., Doublet, B. et Cloeckaert, A. (2004). Molecular basis of bacterial resistance to chloramphenicol and florfenicol. FEMS Microbiology Reviews, 28(5), pp.519-542.

52. Mosher, R., Camp, D., Yang, K., Brown, M., Shaw, W. et Vining, L. (1995). Inactivation du Chloramphénicol par O-Phosphorylation. Journal of Biological Chemistry, 270(45), pp.27000-27006.

53. Shaw WV, Unowsky J. Mechanism of R factor-mediated chloramphenicol resistance. Journal of Bacteriology. Mai 1968, 95(5), pp.1976-1978.

54. Leslie, A. (1990). Structure cristalline raffinée de la chloramphénicol acétyltransférase de type III à la résolution de 1 à 75 Â. Journal of Molecular Biology, 213(1), pp.167-186.

55. Arthur, M., Andremont, A. et Courvalin, P. (1986). Hétérogénéité des gènes conférant une résistance de haut niveau à l'érythromycine par inactivation chez les entérobactéries. Annales de l'Institut Pasteur / Microbiologie, 137(1), pp.125-134.

56. BARTHÉLÉMY, P., AUTISSIER, D., GERBAUD, G. et COURVALIN, P. (1984). Hydrolyse enzymatique de l'érythromycine par une souche d'Escherichia coli. Un nouveau mécanisme de résistance. The Journal of Antibiotics, 37(12), pp.1692-1696.

57. Morar, M., Pengelly, K., Koteva, K. et Wright, G. (2012). Mécanisme et diversité de la famille d'enzymes érythromycine estérase. Biochemistry, 51(8), pp.1740-1751.

58. Yong, D., Toleman, M., Giske, C., Cho, H., Sundman, K., Lee, K. et Walsh, T. (2009). Caractérisation d'un nouveau gène de métallo- -lactamase, blaNDM-1, et d'un nouveau gène d'érythromycine-estérase porté par une structure génétique unique chez Klebsiella pneumoniae Sequence Type 14 from India. Antimicrobial Agents and Chemotherapy, 53(12), pp.5046-5054.

59. D'Costa, V. (2006). Sampling the Antibiotic Resistome. Science, 311(5759), pp.374-377

60. Forsberg, K., Patel, S., Wencewicz, T. et Dantas, G. (2015). Les tétracyclines destructases : Une nouvelle famille d'enzymes inactivant les tétracyclines. *Chemistry & Biology*, 22(7), pp.888-897.

61. Volkers, G., Palm, G., Weiss, M., Wright, G. et Hinrichs, W. (2011). Base structurelle pour un nouveau mécanisme de résistance à la tétracycline reposant sur la monooxygénase TetX. FEBS Letters, 585(7), pp.1061-1066.

62. Speer, B. et Salyers, A. (1989). Novel aerobic tetracycline resistance gene that chemically modifies tetracycline. Journal of Bacteriology, 171(1), pp.148-153.

63. Guiney, D., Hasegawa, P. et Davis, C. (1984). Expression dans Escherichia coli de gènes cryptiques de résistance à la tétracycline provenant de plasmides R de Bacteroides. Plasmid, 11(3), pp.248-252

64. Markley, J. et Wencewicz, T. (2018). Enzymes d'inactivation de la tétracycline. Frontières de la microbiologie.

65. Bulletin d'information de l'AMSL. (2016). [en ligne] Disponible sur :

https://slma.lk/newsletter/ 2016 [consulté le 22 mai 2019].

I want morebooks!

Buy your books fast and straightforward online - at one of world's fastest growing online book stores! Environmentally sound due to Print-on-Demand technologies.

Buy your books online at
www.morebooks.shop

Achetez vos livres en ligne, vite et bien, sur l'une des librairies en ligne les plus performantes au monde!
En protégeant nos ressources et notre environnement grâce à l'impression à la demande.

La librairie en ligne pour acheter plus vite
www.morebooks.shop

Printed by Books on Demand GmbH, Norderstedt / Germany